地震动的谱理论与计算

徐龙军　赵国臣　胡进军　著

U0197533

科学出版社

北　京

内 容 简 介

地震动是人们科学地进行建筑结构抗震分析与计算的重要数据资料，而谱分析是深入分析与研究地震动特性的重要方法。本书从地震动记录的基础知识出发，逐步介绍了周期频度谱、概率密度谱、傅里叶谱、功率谱和反应谱等常见的谱分析方法，最后介绍了不同形式的反应谱和结构抗震设计谱。本书涵盖了土木工程和地震工程领域有关地震动及其反应谱特性分析的绝大多数的基本概念，可以作为从事地震动研究的科研人员的参考书和土木工程领域高年级本科生和研究生的课外辅导书。

图书在版编目（CIP）数据

地震动的谱理论与计算/徐龙军，赵国臣，胡进军著. —北京：科学出版社，2023.12

ISBN 978-7-03-076229-0

Ⅰ.①地⋯　Ⅱ.①徐⋯　②赵⋯　③胡⋯　Ⅲ.①地震波–波谱分析
Ⅳ.①P315.3

中国国家版本馆 CIP 数据核字（2023）第 158409 号

责任编辑：王　运　赵　颖 / 责任校对：王　瑞
责任印制：肖　兴 / 封面设计：蓝正设计

科 学 出 版 社 出版
北京东黄城根北街 16 号
邮政编码：100717
http://www.sciencep.com

北京中石油彩色印刷有限责任公司 印刷
科学出版社发行　各地新华书店经销

*

2023 年 12 月第　一　版　开本：720×1000　1/16
2023 年 12 月第一次印刷　印张：12 1/4
字数：260 000

定价：118.00 元
（如有印装质量问题，我社负责调换）

序　言

地震动记录的成功获取为科学认识地震提供了基础数据，也打开了近代地震工程学发展的大门。在土木工程设计和科学研究领域，地震动分析是抗震验算、地震作用确定、结构振动台试验及动力时程反应分析实施的前提。众所周知，建筑结构的动力响应不仅取决于结构自身的特性，还受到作用荷载的影响。研究表明，相对于结构之间的差异，地震动的固有特性对结构动力响应的影响更为显著。科学、合理、深入地分析地震动的特性是地震工程领域的重要研究内容。因此，地震动的分析理论和方法也铺就了地震工程学发展的快车道。

地震动蕴含着丰富的地震、场地、对结构的潜在破坏能力等工程信息，表现在时域、频域、频谱等信号方面，如何挖掘、反映、展现地震动的特性和丰富内涵离不开完善的理论和方法的指导。谱分析常用于如光波、声波等信号的处理，由于地震动的时程作为波的形式呈现，也用于剖析地震动的特性。能力谱、功率谱等信号分析领域的相关概念与方法都是地震动分析的重要工具。除地震动本身的特性外，人们也需要关注结构的响应，因此，地震动的谱分析中也包含了反应谱和设计谱等与结构特性相关的内容。

在早期的地震动特性分析中，研究者们主要效仿信号分析领域的相关知识，随着研究的不断深入和研究方法的逐步发展成熟，形成了现有的地震动谱分析理论。在现有的研究中，地震动的谱分析涉及复变函数、概率统计和结构动力学等多门课程的基本知识，学科跨度大，对于数学和力学知识的要求高。《地震动的谱理论与计算》一书不仅系统介绍了与地震动谱分析相关的全部基础理论知识，还给出了相关方法的 MATLAB 计算程序，以便于地震工程领域的科研人员和研究生系统掌握地震动谱分析的相关技能。

该书作者长期从事地震动及其反应谱特性的分析和研究工作，在著作中系统阐述了其学术观点和相关的国内外研究现状，对有关谱分析的未来发展进行了一定程度的展望。这本著作理论性强、内容丰富、概念清晰、层次分明，非常适合地震工程领域的专业技术人员和研究生阅读。

谢礼立

江汉大学名誉教授、湖北（武汉）爆炸与爆破技术研究院首席科学家

中国地震局工程力学研究所研究员

哈尔滨工业大学土木工程学院教授

中国工程院院士

2023 年 4 月

前　言

　　地震一直严重威胁着人类文明的发展。据不完全统计，2022 年，中国全年大陆地区共发生 5.0 级以上地震 27 次，造成直接经济损失 224 亿元。受科技水平的限制，在 20 世纪 20 年代之前，人类对于地震的认识仅停留在对表象的主观理解，既缺乏系统的理论，也缺少可靠的观测数据，对建筑结构的抗震设计意识淡薄。20 世纪 40 年代初，人类成功获取了地震引起的地面运动，即地震动，揭开了现代地震工程研究的序幕，使建筑结构的抗震设计迈向了一个新的开端。在有关建筑结构的振动台试验、动力时程反应分析、地震易损性分析、地震危险性分析和抗震设计谱标定中，地震动记录的搜集与分析均是首要和基础性工作。

　　地震动是地震引起的地面运动，本质上是一种"震动"信号，其时程曲线具有其他类型信号的特性，如光波、声波和电波等。谱分析理论与方法如光学棱镜一样可以使人们更为细致地观察信号中的各频率成分。地震动的谱分析也一直是地震工程领域科研人员和研究生们应具备的基本技能。本书系统介绍了地震动的基础知识、周期频度谱、概率密度谱、傅里叶谱、功率谱、反应谱和设计谱等知识，包含了地震动谱分析领域应具备的大部分基础理论和方法，并提供了关键方法与技术的 MATLAB 计算程序，便于读者深入了解本书的相关内容，掌握相关分析技能。本书作者所在团队长期致力于地震动及其反应谱特性的研究工作，在介绍相关内容时阐述了本书作者和同领域国内外学者对于相关问题的学术观点。

　　随着时频分析方法的不断完善和人工智能算法的发展，诞生了很多新形式的谱分析方法。由于本书作者能力和精力有限，本书难以尽善尽美地介绍所有的方法。此外，本书也必然存在不完善之处，希望广大读者在发现问题后能够与我们联系，共同为推动地震工程领域的研究工作贡献力量。

著　者

江汉大学

2023 年 4 月

目　　录

序言
前言
第1章　地震动的基础知识 ……………………………………………………… 1
　1.1　引言 ……………………………………………………………………… 1
　　1.1.1　谱的定义 ………………………………………………………… 1
　　1.1.2　本书的目的 ……………………………………………………… 2
　1.2　地震动记录的基本介绍 ……………………………………………… 4
　　1.2.1　地震动记录的时程曲线 ………………………………………… 5
　　1.2.2　地震动记录的用途 ……………………………………………… 7
　1.3　地震动记录的观测 …………………………………………………… 8
　　1.3.1　台站 ……………………………………………………………… 8
　　1.3.2　台阵 ……………………………………………………………… 8
　　1.3.3　台网 ……………………………………………………………… 10
　1.4　常用的地震动数据库 ………………………………………………… 11
　　1.4.1　美国 PEER 地震动数据库 ……………………………………… 11
　　1.4.2　日本的数据库 …………………………………………………… 12
　　1.4.3　中国的地震动数据库 …………………………………………… 13
　1.5　本书中的算例与程序 ………………………………………………… 13
　1.6　记录的数字化 ………………………………………………………… 15
第2章　周期频度谱和概率密度谱 …………………………………………… 18
　2.1　零交法 ………………………………………………………………… 18
　2.2　峰点法 ………………………………………………………………… 24
　2.3　周期-频度谱相关程序 ……………………………………………… 26
　2.4　概率密度 ……………………………………………………………… 30
　2.5　高斯分布 ……………………………………………………………… 33
　2.6　概率密度分布相关程序 ……………………………………………… 34
第3章　傅里叶谱 ……………………………………………………………… 36
　3.1　有限傅里叶近似 ……………………………………………………… 36
　3.2　计算有限傅里叶系数的程序 ………………………………………… 49

3.3 傅里叶谱 ··· 50

3.4 帕什瓦定理 ··· 58

3.5 有限傅里叶级数 ··· 60

3.6 快速傅里叶变换 ··· 66

3.7 有限傅里叶级数和快速傅里叶变换程序 ············· 72

3.8 傅里叶级数 ··· 74

3.9 傅里叶积分 ··· 76

3.10 傅里叶谱的意义 ······································· 79

第4章 功率谱和自相关函数 ····························· 85

4.1 功率谱 ·· 85

4.2 谱密度函数 ··· 87

4.3 自相关函数 ··· 89

4.4 求自相关系数的程序 ···································· 92

4.5 自相关函数与功率谱 ··································· 93

第5章 谱的平滑化 ··· 96

5.1 褶积的傅里叶变换 ······································ 96

5.2 数据窗 ·· 98

5.3 谱窗 ··· 102

5.4 滞后窗 ··· 106

5.5 数字滤波器 ·· 108

5.6 谱窗的选择 ·· 110

第6章 反应谱的计算 ····································· 113

6.1 单质点系的振动 ······································· 113

6.2 无阻尼自由振动 ······································· 115

6.3 阻尼自由振动 ··· 117

6.4 冲击振动 ·· 122

6.5 叠加积分 ·· 123

6.6 地震动的反应 ··· 125

6.7 反应的数值计算 ······································· 127

6.8 地震反应谱 ·· 133

6.9 反应谱与傅里叶谱的关系 ···························· 137

6.10 求反应谱的程序 ······································ 140

第7章 不同形式的反应谱 ······························· 145

7.1 反应谱方法发展历程 ··································· 145

7.2 反应谱的意义 ··· 146

7.3　伪速度、伪加速度和三联反应谱 ……………………………… 148

7.4　标准反应谱 ………………………………………………… 151

7.5　双规准反应谱 ……………………………………………… 154

7.6　非弹性反应谱 ……………………………………………… 156

　　7.6.1　等延性反应谱 ………………………………………… 156

　　7.6.2　等延性位移比谱 ……………………………………… 158

　　7.6.3　等延性强度折减系数谱 ……………………………… 159

7.7　输入能量谱 ………………………………………………… 160

　　7.7.1　相对输入能量的推导过程 …………………………… 160

　　7.7.2　绝对输入能量的推导过程 …………………………… 161

　　7.7.3　计算分析 …………………………………………… 161

7.8　影响地震动反应谱的主要因素 …………………………… 162

　　7.8.1　场地条件 …………………………………………… 162

　　7.8.2　震级因素 …………………………………………… 164

　　7.8.3　距离因素 …………………………………………… 164

　　7.8.4　方向性效应和上下盘效应 …………………………… 164

　　7.8.5　持时因素 …………………………………………… 165

第8章　抗震设计谱 ……………………………………………… 166

8.1　抗震设计谱与反应谱之间的关系 ………………………… 166

8.2　我国建筑抗震设计谱发展历程 …………………………… 167

8.3　不同国家和地区设计谱的对比 …………………………… 170

8.4　抗震设计谱中的若干问题 ………………………………… 176

参考文献 …………………………………………………………… 178

致谢 ………………………………………………………………… 184

第1章 地震动的基础知识

1.1 引   言

我国处于环太平洋地震带与欧亚地震带之间，受太平洋板块、印度板块和菲律宾海板块的挤压，地震断裂带十分活跃[1]。目前全球已进入地震活跃期，地震灾害给人类带来了空前的挑战。近些年我国境内频繁发生规模较大的地震，如2008年汶川地震(矩震级 M_w = 7.9)、2010年玉树地震(M_w = 6.9)、2013年雅安地震(M_w = 6.6)、芦山地震(M_w = 6.6)和2014年鲁甸地震(M_w = 6.2)等。这些地震的发生给我国造成了严重的人员伤亡和经济损失，严重阻碍了我国经济的发展[2]。本质上，地震所引起的人员伤亡和经济损失主要是由于工程建筑结构不能够抵御地震作用而发生严重破坏或倒塌以及伴随的次生灾害造成的[3-6]。随着社会的发展和科技的进步，人类已逐渐认识到科学有效的抗震设计理论是提高建筑物抵御地震作用的能力最有效的依据[7]。不论采用哪种形式的抗震设计理论，定量地描述地震作用都是必不可少的一步。地震动记录是合理确定地震作用的重要途径，是建筑结构抗震设计与分析中的重要数据资料。地震动属于地震信号的一种形式，诸如其他形式的信号(光波、声波等)，采用谱分析方法分析地震动的特征是深入科学分析地震作用的重要途径。本书便是一本专门介绍地震动的谱理论与计算的学术著作。为便于读者理解本书的内容，本章首先介绍谱的定义、本书的目的、地震动的相关知识、本书中有关算例和程序的规定等内容。

1.1.1 谱的定义

提起谱，人们最先想到的恐怕是太阳光通过棱镜时出现的红、橙、黄、绿、青、蓝、紫七色并列的美丽的光谱。太阳光线看起来是没有颜色的或者是白色的，但当它通过棱镜时能分解成七色。这一现象首先是由牛顿在1666年观察到的。分解后的七种颜色，由波长约8000 Å(1 Å=10^{-10} m)的红色起，到4000 Å的紫色为止，以波长为序，依次排列。

对于谱，除了光谱以外，还有将复杂的谐音分解为单纯的音调并按频率顺序排列的音响谱、将粒子依其质量排列的质量谱等。谱的形式是多种多样的。如果对谱的概念下一个最具普适性的定义，可以这样说：谱是将含有复杂组成的事物分解为单纯的成分，然后按照这些成分的特征量的大小依次排列而成的。在概率统计论中，所谓频度分布或者概率密度，就其意义说，也是一种谱。学校考试，将班内的学生按 5 分、4 分等评分所进行的分类，我们也可以把它叫做成绩谱。

仔细观察前述的白色光的谱，色与色之间的分界是不清楚的，例如，红色与橙色之间，绿色和青色之间，是逐渐变化的。也就是说，颜色的变化是连续的，因而这样的谱叫做连续谱。与此不同，钠所发出的光谱，清清楚楚地只有一条黄色的光线；氢原子所发出的光谱也是由红、青、蓝、紫四条线组成的。这样由不连续的、互相分隔的线所组成的谱叫做不连续谱或线谱。

一般说来，发光物质谱的排列状态和物质的微观构造有密切的关系，谱分析的意义就在于，依靠这种物理方法，可探索物质世界的信息。借助天体所发出的光来了解天体及其周围物质的状况时，也广泛地使用着谱分析的方法。

1.1.2　本书的目的

本书不讲光谱分析，我们要学的是比光更为实际的地震工程中地震动的谱分析问题，这才是本书的目的。不过，光也是一种电磁波，与地震动在谱分析的本质上没有区别。事实上，在地震动的谱分析中，很多地方仍然借用光谱方面的语言，如线谱、分辨率等；但不同的是，光的波长是以埃(Å)为量度单位的，而地震动的波长为几十米到几百米。

顺便提一下，在地震工程的理论上，可把结构和地基看作一种电气回路，在许多场合下可借用电气回路中的阻抗、导纳之类的有关术语。事实上，要是这样来讲解地震动的谱分析，连同地震工程中的阻抗、导纳等在内，内容是非常深的。在这本入门书中，不涉及这样高深的内容。

首先请看图 1-1，这是读者所熟悉的在高层建筑的动力分析中常用的，或者至少在名称上曾经多次听到过的，即 1940 年 5 月 18 日在埃尔森特罗(El Centro)记录到的地面运动的南北向(NS)分量加速度时程。峰值加速度为 312 Gal，持续时间是从实际记录上截取的，为 30 s，其中伽(Gal)是加速度单位，1 Gal = 1 cm/s^2。因而,重力加速度 $g=980$ Gal,静力法抗震设计所用的 $0.2\,g$,就是 $0.2\,g\times980=196$(Gal)。

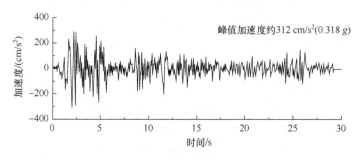

图 1-1　埃尔森特罗地震动

类似地，用 kine 表示地震动的速度单位，1 kine = 1 cm/s。Gal 的名称是由说过 "地球仍然在转动" 这句名言的伽利略而来，而 kine 则可能是源于表示运动的 kinetic 一词。

图 1-1 的埃尔森特罗波形的名称是有来历的。以前在历次大地震发生时，地震仪的指针早就被震飞了。因此大地震的记录一次也没有得到过。例如，对于著名的关东地震(1923 年)，虽然研究者对它进行了各种各样的复原尝试，但实际上所完成复原工作还是不能如同真实的一样。为获取真实破坏性地震的记录，学者们制作了强震仪。按照设计要求，强震仪在破坏性大地震时不会震坏，能如实地记录地面运动的加速度时程。这一点，与飞机坠落时飞行记录器留下的记录是相似的。

这样的强震仪，美国从 20 世纪 30 年代初期起开始设置，主要在加利福尼亚各地。直到 1940 年，才完好地记录到峰值加速度超过 300 Gal 的强地震记录，如图 1-1 所示，这才能说是 "人类第一次抓到的地震的整体"。这个地震通常称为埃尔森特罗地震，正式名称是 1940 年的帝王谷(Imperial Valley，又称因皮里尔河谷)地震(7.1 级)。这个地震记录也就以强震仪布设所在的埃尔森特罗街道来命名。

埃尔森特罗在避暑胜地帝王谷的南端，与墨西哥十分接近。作者曾经特意到那里去看过，虽然叫做谷，但与日本的峡谷不一样，两侧的山像是隐约望不到头的大平地，从笔直的公路可以看到零星的农舍屋顶。埃尔森特罗是这样的农村地带的一个中心街，在那里的一个变电所(图 1-2)的地下室内至今仍放着纪念性的强震仪。

图 1-2　南希阿拉电力公司埃尔森特罗变电所

在地震动的特性中，对结构抗震有重要意义的量是地震动的最大振幅、持续时间、波数、振动周期、能量。其中，因为地震仪的灵敏度是已知的，所以只要采用比长仪，将标尺对准记录，就可以直接读取最大振幅；记录中通常有时间信号，可以直接读出持续时间；波数由主波大致持续的个数来粗略估计。

　　然而对于振动周期，以图 1-1 的地震动为例，它是由什么样的频率成分组成的，其中究竟哪些成分是主要的，这些问题是不清楚的。能量几乎难以估计，而且这些震动时程对结构物会有什么样的作用，仅从记录上是根本看不清楚的。以埃尔森特罗地震动为例，该地震动中包含周期为 2.5 s 的振动成分，可对高层建筑产生显著影响，这对于初次接触地震动的读者而言，是难以想象的。这正像看上去什么也没有的白光，通过棱镜就会出现七色光一样。谱分析的目的是本来什么也看不出来的地震动记录，做某些加工，使地震动所含有的波的性质清楚地显示出来；与此同时，采取某种有效的方法来考虑它对结构物的影响。另外，根据观测到的地震动的谱能够研究地震动经过的途径，以及途中受到过哪些影响，也可以说能弄清它的来龙去脉。

　　本书是为了掌握这类地震动的谱分析，并希望通过实例厘清各种不同谱之间的相互关系。为此，对复数、傅里叶变换、概率统计理论、振动理论等必须加以学习。本书也尽可能浅近地给予解说，同时尽可能浅近地讲解各种各样谱的分析方法和理论依据，以及分析结果的工程意义等。

1.2　地震动记录的基本介绍

　　地震动记录是认识地震、分析地震的重要数据资料，也是进行建筑结构和工程设施等抗震设计的主要依据[8]。科学、系统地搜集地震动记录是地震工程领域研究中的重要内容之一。通常，通过强震仪或数字记录仪搜集地震动记录的过程称为强震观测。在强震观测中，根据设备规模的不同可以分为台站、台阵和台网三级，根据研究目的的不同，台站和台网也有多种类别。下面将逐一介绍这些概念。

　　通过工程测量设备观测地震是科学认识地震的重要途径和依据。早在公元 132 年，我国东汉时期的张衡便发明了地动仪以观测地震。现代的地震测量设备主要可以概括为两大类：地震仪和强震仪。地震仪主要用于地震学的研究，主要研究对象大都为弱震，主要研究目的包括确定震源位置、确定震级大小、分析震源机制、分析传播介质、了解地球内部构造等。强震仪主要用于地震工程和土木工程中抗震设计与分析的研究，其研究对象大多为强震，主要研究目的是确定地震作用的大小、研究建筑结构的抗震性能等。强震仪所记录的是地震时某一观测点地面的运动情况。通常将强震仪记录得到的这一数据称为地震动记录。因此，地震动记录是指发生地震时某一地点的地面运动。除强震仪外，人们逐步研发了可观测更宽频带地震动记录的数字记录仪，并得到了广泛的应用。由于加速度更易于观测，地震动记录通常是地面运动的加速度时程。在 20 世纪 30 年代，研究者和设计者通常通过对建筑结构施加结构自重 10% 的侧向惯性力考虑地震作用。

随着结构动力学的发展，人们逐步发现不同自振周期的结构所承受的侧向地震惯性力存在差异，但由于缺乏实测的地震动资料，很难在建筑结构的抗震设计中考虑结构的动力特性。由美国海岸与大地测量局(United States Coast and Geodetic Survey)于 1932 年安装的 8 个强震台站，在 1933 年美国长滩地震中获取了人类史上的第一组实测地震动记录。至今，世界各地已获取了非常丰富的地震动数据资料。地震动记录的大量获取不仅让人们更便于认识地震，发展科学合理的抗震设计方法，也为现代地震工程学的发展奠定了基石。

1.2.1　地震动记录的时程曲线

将一个固定地点不同时刻的地面运动的振动幅度连成一条线就得到了地震动记录的时程曲线。地震动记录的时程曲线是直观认识地震动特征的有效途径之一。在获取地震动记录时，通常会获取一个测点的 2 个水平运动分量和 1 个竖向运动分量。2 个水平运动分量之间的夹角为 90°，3 条分量之间构成空间直角坐标系。一个平面内可以绘制出无数组相互垂直的直线。目前，在获取地震动水平分量时国际上通常采用南北向和东西向布置。图 1-3～图 1-5 给出了 1933 年美国长滩地震中长滩公用事业部(Long Beach Utilities)台站、弗农(Vernon)台站和洛杉矶地铁(Los Angeles Subway)台站的地震动记录的加速度时程曲线。每一个台站的记录都包含 3 条分量，其中 NS 分量指南北分量，EW 分量指东西分量，UP 分量指竖向分量。这些地震动记录是人类史上获取的第一批实测地震动数据。

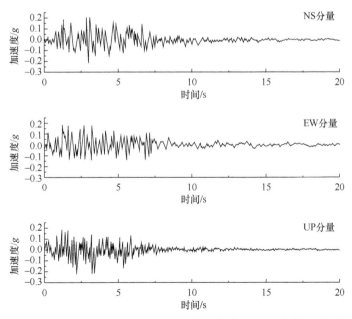

图 1-3　1933 年美国长滩地震长滩公用事业部台站的地震动加速度时程

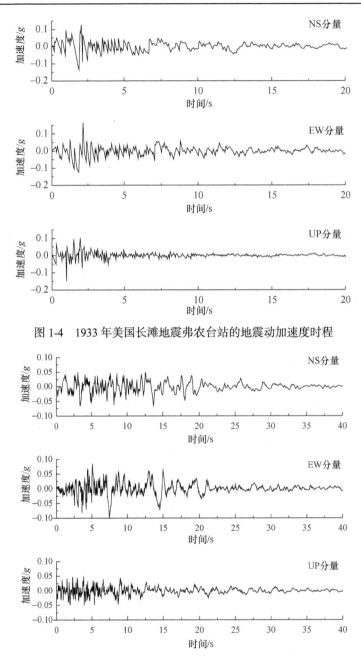

图 1-4　1933 年美国长滩地震弗农台站的地震动加速度时程

图 1-5　1933 年美国长滩地震洛杉矶地铁台站的地震动加速度时程

　　地震动的时程曲线不仅包括加速度时程，还包括速度时程和位移时程。目前的数字记录记录的原始数据即为加速度时程，然后可以通过数值积分获取速度时程和位移时程。早期的模拟记录仪所记录的通常是位移时程，并且需要将模拟信号转化为数字信号，然后再获取其加速度时程和速度时程。在结构动力学中，通常将地震作用等效为施加在结构上的惯性力，力与加速度直接相关，因此在地震工程和土木工程领域，我们通常使用的是加速度时程。在其他方面的研究中，我们也将会使用到速度时程和位移时程。例如，当关注地震动的能量时，会使用到速度时程，当关注地面的永久位移时，会使用到位移时程。

由图 1-3～图 1-5 所展示的地震动记录的时程曲线可知，同一次地震的不同台站的地震动记录之间存在明显的差异，同一个台站的不同方向的分量之间也存在一定的差异。截至目前，全球已获取了非常丰富的地震动记录。研究发现，地震动记录之间千差万别，表现出丰富的多样性。由于地震波及其传播效应的影响，地震动的时程均有一个明显的增强段，即幅值由小变大的过程，然后进入平稳段，即幅值稳定的过程。在地震结束后，地震运动也会逐步减弱，因此地震动时程在最后都会有一段衰减段。虽然目前已经获取了大量的地震动记录，但一些早期的地震动记录仍被广泛使用。这些记录大都具有时程较为完整、噪声较小和幅值适中的特点，时程曲线能够体现地震动应有的物理特征(如具有明显的增强、平稳和衰减段)。

虽然不同的地震动记录时程曲线之间千差万别，但当震源机制、场地效应、传播效应等外在条件相近时，地震动记录的时程曲线之间将具有一些共性特征。为便于认识不同地震动记录之间的特性，通常按照这些因素将地震动进行分类，如近场地震动、远场地震动、脉冲型地震动、类谐和地震动等。在后续章节中将逐步讨论这些地震动的特性，有兴趣的读者可以查阅相关文献，以了解更为全面的信息。

1.2.2　地震动记录的用途

地震动记录为定量地描述地震作用提供了数据基础，同时也是联系地震与建筑抗震之间的桥梁。在地震工程和土木工程领域，地震动记录主要是服务于建筑结构的抗震分析与设计，根据研究任务或目的的不同，其用途可以分为以下几个方面。

1. 建筑结构的时程反应分析和振动台实验

目前，时程反应分析和振动台实验是系统了解建筑结构在地震中的反应最有效的两种途径，而这两种方法都需要输入地震动记录，以模拟地震时的地面运动情况。时程反应分析是采用有限元软件建立建筑结构的数值模型，然后输入地震动记录，计算建筑结构的反应。振动台实验是建立建筑结构的足尺或缩尺模型，通过控制各种外在的实验设备使振动台按照输入的地震动记录的幅值振动，然后观测结构的反应。

2. 地震区的烈度速报与震害预估

地震烈度是指某一地区的地面和建筑结构遭受一次地震影响的强弱程度。在评估地震烈度时可以通过人对地震的直接感觉给出，也可以通过实际观测的地震动记录的相关计算值给定。通过人对地震的直接感觉判定烈度并进行分区，通常是在震后通过实地走访与调研完成的；而通过地震动记录确定烈度及其分区，通常在地震结束后的短时间内便可以完成，其对于震害预估和震后救援具有重要的指导意义。

3. 确定抗震设计规范中的相关参数

抗震设计规范是指导建筑结构抗震设计的重要依据。确定地震作用的大小是抗震设计规范中的重要内容之一。而规范中有关地震作用的规定和参数大都由实测地震动记录通过计算得到，如规范中的加速度设计谱主要依据实测地震动记录的平均加速度反应谱而确定。不同场地的地震动加速度反应谱具有明显的区别，因此确定加速度设计谱时需要根据场地类别选取特征周期。

4. 制定地震动参数区划图

地震引起的建筑物和工程设施的破坏是导致人员伤亡和经济损失的重要原因，减轻地震灾害最有效的途径之一就是做好建(构)筑物的抗震设防，而一般建(构)筑物抗震设防的主要依据是地震动参数区划图。地震动参数区划图是以地震动参数(包括地震动峰值加速度和地震动反应谱特征周期)为指标，将我国国土划分为不同抗震设防要求区域的图件，是我国量大面广的一般建设工程的抗震设防要求，同时也是各级政府编制社会经济发展规划、国土利用规划、防震减灾规划和环境保护规划的基础资料。

1.3   地震动记录的观测

1.3.1   台站

台站主要用来记录地震时某一特定地点的地震动记录。台站根据管理方式可以分为无人看守台站和有人看守台站，根据布置方式也可分为固定台站和流动台站。固定台站是在地震发生之前就已经布置好的台站。流动台站是地震发生后布置的台站，这些台站可以用来观测大震前的前震和震后的余震，例如，在我国的汶川地震中就布置了大量的流动台站。

1.3.2   台阵

台站仅可记录某一特定地点的地震动记录，所提供的信息并不足以用于研究更为复杂的问题。例如，当需要了解结构在地震作用下的反应时，我们需要获取该结构不同位置的地震动记录。地震工程学者通过布置台阵来解决这一问题。台阵是根据某一特定的研究目的，按照一定的几何位置所布置的一系列台站。因此，在强震观测中台阵是比台站更高级别的观测单元。根据研究目的的不同，台阵主要可以分为以下几类。

1. 地震动衰减台阵

随着距离的逐步增大，地震引起的能量也逐步耗散，地震动的幅值也随之减小。地震动衰减台阵的目的在于了解地震动随断层距或震中距增大的衰减规律。此类台阵通常包括几台到十几台强震仪或数字记录仪，呈线状跨过发震可能性较大的断层。目前这些台阵已获得了非常丰富的地震动记录。有关地震动衰减关系的研究也取得了丰硕的成果。

2. 建筑结构地震反应观测台阵

在现有的建筑结构抗震分析中通常采用的研究手段包括理论分析、有限元模拟和振动台实验。然而在这些分析方法或实验方法中常对实际情况做出一些假设，很难重现结构在实际地震中的反应谱。建筑结构地震反应观测台阵通过在建筑结构的不同位置布置一系列的观测台站或测点，可以记录建筑结构在实际地震作用下的响应。这些数据是进行抗震分析的第一手资料，对评估建筑结构抗震性能、研究建筑结构的破坏机理、震害评估和健康监测、地震预警、烈度速报等具有重要作用。

目前美国和日本布设了大量的建筑结构地震反应观测台阵，并获取了非常丰富的数据。关于建筑结构地震反应台阵的布置已写入美国不同版本的建筑抗震规范或法律法规中。例如，1965 年洛杉矶市就明确规定对于 10 层以上或占地面积 5574.18 m^2 的 6 层以上的建筑物必须在楼顶、楼底和中间位置布置 3 台强震仪。我国的建筑结构地震反应观测台阵起步较晚，但目前也取得了一定的发展。我国比较有代表性的建筑结构地震反应观测台阵有：中国地震局防灾大楼的地震反应观测系统、防灾科技学院实验楼的隔震结构地震反应观测台阵、北京昌平区体育馆的钢结构地震反应观测台阵。

3. 场地影响观测台阵

震害资料表明，场地条件对建筑结构的破坏具有显著影响。研究场地条件对地震动的影响对于防灾减灾和工程结构的抗震设计具有重要意义。为了解场地条件对地震动影响，我们需要获取地震时地表以下不同地质条件、不同深度的地震动记录。这种按照不同深度、不同地质条件所布置的一系列台站通常被称为场地效应观测台阵。例如，中国地震局工程力学研究所在 1994 年所布置的"唐山响堂三维场地影响观测台阵",见图 1-6。在首次布置时该台阵共有 4 个测点,分别布置在基岩地表、土层地表、地下 17 m 和地下 32 m 处。

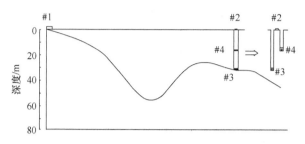

图 1-6　唐山响堂三维场地影响观测台阵的基岩剖面和观测点分布图

4. 地震动密集台阵或差动台阵

在一特定的地震中,某一局部地区的地震动记录随空间位置的不同,其幅值和相位之间将存在一定的差异,这一差异通常被称为地震动的空间差异性或地震动的空间效应。地震动的空间差异性对于沿某一轴线跨度较长的结构具有显著影响,如管道、隧道、桥梁和大坝等。由于地震动的空间差异性,这些结构在沿其长度方向上不同位置所遭受的地震作用存在明显差异。为了解这些大跨度结构的抗震性能,有必要分析空间地震动的特性。目前,观测空间地震动的台阵主要包括地震动密集台阵或差动台阵。第一个可用于观测空间地震动的是埃尔森特罗差动台阵。该台阵包括 6 个台站,其安装位置分别为 0 m、18 m、55 m、128 m、213 m 和 305 m。最具代表性的是台湾 SMART-1 差动台阵。该台阵中台站按照圆形布置,台站数量多,间距布置密集,具体见图 1-7。

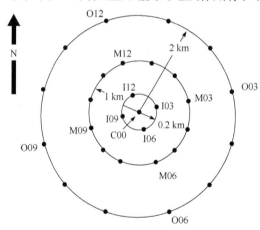

图 1-7　台湾 SMART-1 差动台阵布置图

1.3.3 台网

台阵主要用于观测某一局部区域不同距离、不同深度或不同位置的地震动。这一局部区域通常范围不会太大,如仅限于某一特定结构,台湾 SMART-1 差动台阵就限定直径为 4 km 的圆形区域。当我们需要对某一个城市、省份、国家或全球的地震活动以及地震动记录进行观测时,就需要更大级别的观测单位——台网。

按照规模的不同,台网可分为区域性地震台网、国家级地震台网和全球地震台网。

区域性地震台网主要用于监视一个区域的地震活动性。随着技术的不断进步,地震台站普遍采用宽频带数字观测设备。通常以这些数字地震台站构建的台网也被称为数字地震台网。以我国为例,目前我国的 31 个省级行政区均有各自的区域数字地震台网,总规模包含 792 个台站,新疆及青藏高原等部分地区的台站间距约为 100~200 km,其他地区间距为 30~60 km。

我国的国家数字地震台网是一个覆盖全国的地震监测系统,该地震台网的建设起步于 20 世纪 80 年代,在经过多次的升级改造后,目前包括 152 个超宽频带和甚宽频带地震台站(国内台站 145 个,国外台站 7 个)、2 个小孔径地震台站、1 个中国地震台网中心和 1 个中国地震台网数据备份中心。其中中国地震台网中心能够实时汇集除 7 个国外台站外的国家数字台站的数据,能够准实时(有一定的时间延迟)汇集 792 个区域数字地震台站的数据。目前,中国地震台网中心担负着中国境内 3 级以上地震和全球 6 级以上地震的地震震源参数的测定和发布工作[9]。

在 20 世纪 80 年代,鉴于当时的观测台网分布不均匀,海洋和南半球的监测能力薄弱,一些地震学家提出建设一个包括 100 多个宽频带台站的全球地震台网。该提议逐步得到美国地震学研究机构联合会(Incorporated Research Institutions for Seismology,IRIS)、美国国家科学基金会(NSF)及美国地质勘探局的支持、落实和实施。该地震台网通常被称为全球地震台网(Global Seismograph Network,GSN)。截至 2015 年底,GSN 已建成包含 152 个宽频带数字化地震台站的覆盖全球的台网。

此外,为完成大震前的加密观测仪的高精度的地震定位,开展区域地震活动性研究和地震预测研究,以及大震后现场的余震监测,除上述台网外,还常布置一类特殊的台网——地震现场应急流动台网。

1.4　常用的地震动数据库

将台站、台阵和台网所获取的大量地震动数据整理、处理及汇编后所形成的数据集合常被称为地震动数据库。地震动数据库所提供的地震元数据和台站元数据为研究人员开展有关地震和抗震的研究提供了便利。在有关地震动的研究中,研究工作的第一步通常是从大量的地震动数据库中选取感兴趣的地震动数据,然后再开展相应的分析。

1.4.1　美国 PEER 地震动数据库

美国的强震动观测源于 1932 年美国海岸和大地测量局安装的 8 个强震台站,

并于 1933 年的长滩地震中观测到了人类史上第一批强震动数据。目前，美国的强震动观测台站规模庞大，并分属多个机构运行。比较有代表性的机构为美国地质勘探局(USGS)和美国国家地震监测台网系统(ANSS)，它们共同管理和维护了 1584 个自由场地台站、96 个建筑结构台阵、14 个桥梁台阵、70 个大坝台阵和 15 个多通道岩土台站。美国地震动数据库的建设也较为全面，比较有代表的数据库有太平洋地震工程研究中心(Pacific Earthquake Engineering Research Center，PEER)数据库、工程强震数据中心(Center for Engineering Strong Motion Data，CESMD)数据库和强地面运动观测系统组织委员会(Cosortium of Organizations for Strong-Motion Observation Systems，COSMOS)数据库，其中最为著名且被广泛使用的是 PEER 数据库。

在 2003 年，PEER 发起了一个关于研究"地壳活跃区浅层地壳地震的新一代地震动衰减关系"的大型研究项目——"NGA-West 1"，并于 2008 年完成。NGA-West 1 给出了丰富的有价值的研究成果，主要包括一个信息翔实的强地震动数据库和与之相关的地震动衰减关系。目前世界各地的研究者、实践者在学术研究和工程实践中大都采用 NGA-West 1 的衰减关系及地震动数据，所分析的结果也大都需要与 NGA-West 1 给出的结果进行对比。随着大地震的继续发生和新地震动记录的获取，研究者发现 NGA-West 1 中关于小震级地震的研究成果尚存在一些问题，于是 PEER 发起了 NGA-West 2 的研究项目。NGA-West 2 在 NGA-West 1 的基础上扩充了大量的 2003 年之后记录到的地震动记录。我国 2008 年汶川主余震的地震动数据也包括在内。NGA-West 2 的主要特点之一是修正了 NGA-West 1 小震级地震动的衰减关系。

1.4.2　日本的数据库

日本的强震动观测起点较早，大概起源于 20 世纪 50 年代。日本早期的地震台网较为分散，所获取的地震动数据较少。在 1995 年的阪神地震之后，日本防灾科学技术研究所(National Research Institute for Earth Science and Disaster Resilience，NIED)开始建设 K-NET(Kyoshin Network)和 KiK-NET(Kiban Kyoshin Network)台网。目前这两个台网是日本最重要的强震台网。K-NET 台网由间距约为 20 km 且均匀分布在日本全境的 1000 多个台站组成。K-NET 的台站大多位于国家地震减灾计划(Nation Earth Quake Hazards Reduction Program，NEHRP)场地分类方法的 D 类场地或者 E 类场地的地表。KiK-NET 台网主要由 700 多个能够监测井下以及地表的数据的台阵组成。从 1996 年日本防灾科学技术研究所开始运行管理 K-NET 和 KiK-NET 以来，截至 2009 年底，两个强震台网记录到 7441 次地震的 287487 组强震动，并通过网站共享数据，为日本及全球的防灾规划、抗震设计和科学研究提供了丰富的分析数据。

1.4.3　中国的地震动数据库

地震工程和土木工程领域所关注的地震动记录主要指由强震仪记录得到的数据。目前我国强震动的观测主要依赖于国家数字强震动观测台网。该台网不同于上文所介绍的国家数字地震台网。目前，国家数字强震动观测台网主要由 1390 个自由地表固定台站、310 个烈度速报台站、12 个专业台阵和 200 个流动观测台站组成。中国地震局工程力学研究所强震动观测研究室(国家强震动台网中心 CSMNC)负责整个地震系统强震动观测数据的汇集、处理、存储和共享。截至 2015 年底，国家强震动台网中心共出版《中国强震动记录汇报》18 集，汇集和处理强震动数据集 48 个，加速度记录 31360 条，其中大于 $10\,\mathrm{cm/s^2}$ 的强震动记录有 12005 条，峰值加速度最大值为 $1.005g$。

台湾位于欧亚大陆板块和菲律宾海板块的交界处，地震频繁。菲律宾海板块自新生代以来一直朝西北移动，在台湾东部花东纵谷、中央山脉、西部麓山带及平原区形成一系列的断层。这些断层具有很高的活动性，造成许多灾害性地震。鉴于地震的多发性，台湾一直重视对地震的观测，目前其已成为全球地震观测台站布置最密集的地区之一。目前台湾具有 24 位元即时地震观测网、自由场强震动观测网、宽频地震网、结构物强震观测网、全球卫星定位系统、地震地下水观测网、地震速报系统和即时地震观测网，其所获取的地震动数据可以从台湾气象局网站获取。台湾所获取的地震动数据为全球的抗震事业做出了突出贡献，尤其是台湾集集地震的数据为全球的研究者提供了宝贵的数据资料。

1.5　本书中的算例与程序

有关傅里叶谱和反应谱的教科书和参考书有很多，本书侧重于基本概念、基础知识和基本技能的介绍，使读者通过学习本书就可以在地震动的研究领域"入门"。首先，根据作者自身的经验，在学习有关理论和计算方法时，有例题和算例作为辅助，学生将非常容易掌握。因为有了实际的数字、图形等具体材料，就不会单纯只用"脑"思考，还可用"眼"来看，这就起到了帮助理解的重要作用。因而，在本书中打算多举一些例题。图 1-1 的埃尔森特罗地震动将多次作为例题出现。另外，如图 1-8 中的极简单的波形，也要作为例题多次引用。它大体上具有地震动的形式，

图 1-8　简单的例题波

从这一点上说是不能有比它更为简单的了。以后就简单地称这个波为例题波。这

样做，有如下的理由。

我们一般并不是天才，用"眼"读了理论文章，虽自以为"懂得了"，实际上并不是这样的，只不过是陷入一种错觉，这是常有的事。作者在学生时代，讲课老师教导："读科学论文，要一段段地读，读完后把它合上，用自己的手，从最初的式子起全部复述出来，能完全这样做时，才可以说对这个论文已经理解了。"老师自然是很了不起的，作者则不是好学生，到现在为止，实际上实行得并不怎么样，但感到理解学问，不仅要用"眼"，而且要用"手"，确实是一个真理。

因此，为了让读者也能充分利用"手"来理解，就提出了图 1-8 的简单波作例题。由于波形极为简单，读者可用手算或用简单的计算机程序复算，不难看出结果是否正确。

另外，由地震仪记录下来的实际地震动和有意义的波形一起，往往将毫无意义的不规则"噪声"也记录了下来，而谱分析的对象只是有意义的波形，后一种不规则波多为外来干扰，应尽量将其去掉。但是从另一方面来说，将地震动当作一种噪声，即当作随机波来处理，也是适宜的。

在本书中，不准备深入地涉及随机波的理论。但是，噪声也是一个重要的问题，在这里对噪声进行讲解，怎么说也不是没有意义的。为此，用图 1-9 的波形作为第 3 号例题波，称它为随机地震动。该记录完全是由前后之间毫无关系的相邻点随机连成的，完全不是由某种特定的频率成分组成的。在这一点上，它和包含各种色彩的白色光相似，通常这类信号为白噪声(white noise)。

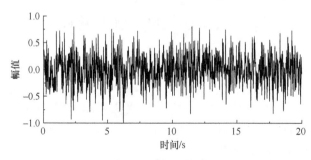

图 1-9　随机地震动

这本入门书的另一个尝试是，为了使所有的学习内容都尽可能结合实际应用，对于谱分析的计算机程序作了充分的说明。鉴于 MATLAB 语言已得到广泛的应用，本书中的程序全部采用 MATLAB 语言编写。在本书中，MATLAB 程序语言仅作为一种快速获取计算结果的工具。本书并不是专业的 MATLAB 程序参考书，若书中程序有不规范之处请读者谅解，并希望能够与本书作者进行联系，以便在再版时更正。

1.6　记录的数字化

随着观测设备的不断升级，现有的地震观测数据通常是数字化数据，但早期的观测设备记录到的是模拟信号，在进行分析前需要将模拟信号转化为数字信号。本书中使用到的一些地震动记录也是由模拟信号转化而来的，因此在本节介绍与记录的数字化相关的知识。

在图 1-10(a)中，再次看到前面已看到过的简单的例题波。可以看出这个记录是一条连续的光滑曲线。采用原来的光滑曲线来进行谱分析的方法叫做模拟(analog)分析。例如，利用光电管装置追踪图 1-10(a)的曲线，将它变为仍旧是光滑变化的、连续的电压量，然后输入电回路来进行分析，再用电动的笔，将分析结果——光滑的连续曲线记录在纸上，这就是模拟方法。与它相对应，现在的方法如图 1-10(b)所示，按一定的间隔，读取波形的数值，将这些数值进行数值分析，这种方法叫做数字(digital)分析。读得的数值已经不再是连续量而是间断值。我们把这种间断值称为对应于连续量的离散值，这种把原来是连续的量间断地读成一系列离散量的方法，叫做数字化。

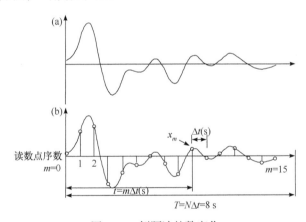

图 1-10　例题波的数字化

作为分析的方法，模拟分析与数学分析各有利弊。地震动的谱分析，从历史上看，模拟分析用得早，是"前辈"。现在从分析的精度和可靠性来看，数字法占主要地位。在这本书中，专门讲数字分析。

对持续时间为 T 的地震动，按时间间隔 Δt 读数，读数的个数为 $T/\Delta t$，因而，如果持续时间长、读取间隔短，则工作量就会很大。如后面要说的，时间间隔愈短，分析结果就愈好。通常，$\Delta t = 0.01$ s 左右，如地震动的持续时间 $T = 30$ s，则读取的个数为 $T/\Delta t = 3000$ 个。

在这里要简单地提一下，为了减少这方面的工作，想了很多办法，研制一种设备，能把读得的数值变成纸带或卡片上的穿孔，以便于送进计算机。此外，最近的趋势是，在磁带(普通的盒式磁带记录器)上记录，采用电气方式数字化，完全不用人手。与在纸上描绘地震记录相比，要方便多了。

凡是能使连续的模拟量变为间断的数字量的装置，叫做 A-D 转换装置 (Analog-Digital converfer)。在图 1-10 例题波的情况下，因为没有特殊的精度问题，为简单起见，读数间隔取 $\Delta t = 0.5$ s。如图 1-10(b)所示，读取的等间隔的 Δt 有 $N=16$ 个点。这样，把连续的量按一定间隔读成离散的数值量，即由无数个量中取出有限个试样。把横轴上读取的点叫做采样点，在各采样点上记录的振幅值叫做采样值，采样点的间隔 Δt 叫做采样间隔，并将采样值简单地称为数据。图 1-10(a)例题波经数值化后的数据，在后文中的多处分析中，均使用到该数据，因此将其值列在表 1-1 中。

表 1-1 例题波的数据

读数序号 m	读数点时刻 $t = m\Delta t$	读数值 x_m/Gal
0	0	5
1	0.5	32
2	1.0	38
3	1.5	−33
4	2.0	−19
5	2.5	−10
6	3.0	1
7	3.5	−8
8	4.0	−20
9	4.5	10
10	5.0	−1
11	5.5	4
12	6.0	11
13	6.5	−1
14	7.0	−7
15	7.5	−2

数据 x_m 的单位，根据实际情况而定，在这里大体上考虑的是例题波的加速度记录，单位取 Gal。按表 1-1 中数据，采样值的总和为 0，其平方和为 4800 Gal^2，所以采样值的平均为

$$\overline{x} = \frac{1}{N} \sum_{m=0}^{X-1} x_m = 0 \text{ Gal} \tag{1-1}$$

其均方值为

$$\overline{x}_m^2 = \frac{1}{N} \sum_{m=0}^{X-1} x_m^2 = 300 \text{ Gal}^2 \tag{1-2}$$

这里,对波的持续时间要稍加注意。因为采样点数 $N = 16$,间隔$\Delta t = 0.5$ s,持续时间应为

$$(N - 1)\Delta t = (16 - 1) \times 0.5 \text{ s} = 7.5 \text{ s}$$

而在表 1-1 中则为

$$T = N\Delta t = 16 \times 0.5 \text{ s} = 8 \text{ s}$$

从图 1-10 中也可以这么说,在 $m = 15$ 的采样点后面,还跟着一个剩余的间隔Δt。

后面要讲到,最后一个间隔的处理在理论上有重要意义。现在把一个采样点和它后面的一个采样间隔组成一个组,就有 $N=16$ 个组。事实上,在实际地震动的情况下,采样点何止几百个,最后的一个间隔不管怎么处理,也不会有大的影响,而在短的记录波的情况下,就要好好处理。因而,在非常短的例题波的情况下,为了理论上的严密,需要妥善处理。

图 1-1 中的埃尔森特罗地震动,已经数字化,可以从美国加利福尼亚大学伯克利分校的地震工程研究中心下载。在本书的分析中仅使用其前 30 s 的数据,时间间隔$\Delta t = 0.02$ s,共计 1500 个数据点。

第 2 章　周期频度谱和概率密度谱

2.1　零　交　法

图 2-1 是一个很简单的规则的时间函数 $f(t)$，是一个正弦波。这个曲线每隔一定时间就出现同样的状态，反复地出现振幅相同的点，可以用式子表示

$$f(t) = f(t + T) \tag{2-1}$$

式中，T 为反复出现相同状态的相隔时间，叫做周期，单位为 s。请注意，前面已经用 T 表示波的持续时间，遵照习惯用法，今后周期也用 T 表示，希望不要混同起来。图 2-1 中正弦波的周期 $T = 0.25$ s。

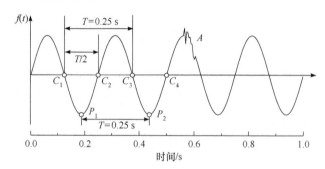

图 2-1　周期–频度分析原理

根据上述周期的定义可知，取曲线上的任意一点，只要测量这一点和下一次再出现的相同状态的点之间的时间差，就得到了周期，在任意位置取这个点都是一样的。为方便起见，我们取曲线与零线即横轴相交的点。如图 2-1 所示，曲线由正侧通向负侧，在横轴上的交点为 C_1，到下一个由正侧通向负侧，在横轴上的交点为 C_3，C_1 和 C_3 间的时间就是周期 $T = 0.25$ s。曲线由负侧到正侧时与零线的交点 C_2、C_4 之间的时间，也是相同的。

如果不管曲线与横轴相交时的方向，单纯地只考虑相交点 C_1 与 C_2、C_2 与 C_3、C_3 与 C_4 之间的间隔，是 $T/2$。因而可以在图 2-1 中清楚地看到，这个测得时间间隔的 2 倍就是周期，因此，测出曲线和零线相交点的时间间隔，乘以 2 求得周期的方法，叫做零交法。

零交法对于不是图 2-1 中单纯的正弦波或余弦波的情况，严格说来不能适用。

但是，像实际地震动一类的复杂波，也是由单纯的正弦波或余弦波集合而成的(这个事实很重要，以后要详加说明)，将零交法的意义加以推广利用、其结果加以统计处理的方法，是常常要用到的。

图 1-8 中的例题波，有 7 个点和零线相交，按实际的比例尺测量，依顺序得到 6 个周期

$$T = 3.44 \text{ s}, \ 0.78 \text{ s}, \ 1.86 \text{ s}, \ 1.34 \text{ s}, \ 0.84 \text{ s}, \ 2.12 \text{ s}$$

但这里数据太少，无法作统计处理。对于图 1-1 中的埃尔森特罗地震动来说，零交点有 62 个，对它应怎样处理呢？

统计处理结果可用图表表示，常用的叫做频度分布图或直方图。以身高的调查为例，按身高分为若干等级，各个等级所含有的数量称为频度，用直方图表出。这时，各个等级的长度叫区间，各等级交界处的值叫做区间端点值。还有，在每个等级内，用指定的区间值来代表这个等级。通常取这个等级的中间值，即取各个等级区间端点值的平均值。

图 2-2 给出了一个频度分布的例子，图中各级间一律为 2 cm，因而区间端点值为公差 2 cm 的等差级数。频度按区间值来表达，例如身高 162 cm 的频度为 14。

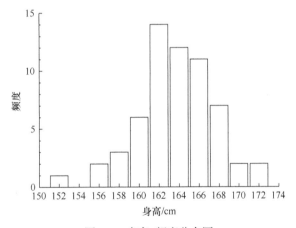

图 2-2　身高-频度分布图

上述零交法虽然可以用来描述一个波中所包含的周期-频度分布图，但是应用这种方法时，有一点必须注意。这就是在图 2-2 的身高例子中，各等级的长度，即区间都是相等的，若是区间不相等，则会存在问题。但是，在应用零交法求周期时，波的持续时间如为 8 s，对半周期为 0.1 s 的波来说，与零线相交的机会为 8/0.1 = 80 次；而对半周期为 1 s 的波，与零线相交的机会只有 8 次。因此，如果把区间偏差值为 0.1 s 等级的区间长度和区间偏差值为 1 s 等级的区间长度等量齐观，这样来求各等级的概率，从一开始就有很大的偏差，结果就得不到正确的频

度分布。

为了补救这种不合理的现象，可将区间长度按周期比例予以放宽。换句话说，区间端点值的划分不用图 2-2 那样的等差级数，而采用等比级数，即横轴的周期应取对数刻度，然后再按等间隔来划分区间端点值。采用这种方法，在通常的地震动周期–频度分布中，所采用的周期区间端点值和区间值的格式如表 2-1 所示。

表 2-1　周期–频度分布中周期的区间端点值和区间值

序号	区间端点值/s	区间值/s
1	0.05	
		0.055
2	0.06	
		0.065
3	0.07	
		0.075
4	0.08	
		0.090
5	0.10	
		0.110
6	0.12	
		0.135
7	0.15	
		0.165
8	0.18	
		0.200
9	0.22	
		0.245
10	0.27	
		0.295
11	0.32	
		0.360
12	0.40	
		0.450
13	0.50	
		0.550
14	0.60	
		0.675
15	0.75	
		0.825
16	0.90	

序号	区间端点值/s	区间值/s
		1.000
17	1.10	
		1.200
18	1.30	
		1.450
19	1.60	
		1.800
20	2.00	
		2.25
	2.50	

表 2-1 中所示的区间端点值，经过舍入化简后，大约相当于以 1.216 为公比的等比级数。区间值取区间中心值。表 2-2 中所列数据是采用零交法分析埃尔森特罗地震动的结果。左边一列为周期值，即表 2-1 中所示的区间值，中间一列为各周期级间的频度值，这个结果也可以用图 2-3 的直方图表示。

表 2-2　埃尔森特罗地震动的周期–频度分布(零交法)

周期/s	频度	相对频度/%
0.055	4	1.83
0.065	5	2.28
0.075	9	4.11
0.090	17	7.76
0.110	12	5.48
0.135	15	6.85
0.165	14	6.39
0.200	31	14.16
0.245	25	11.41
0.295	30	13.7
0.360	21	9.59
0.450	13	5.94
0.550	9	4.11
0.675	11	5.02
0.825	3	1.37
1.000	0	0
1.200	0	0

续表

周期/s	频度	相对频度/%
1.450	0	0
1.800	0	0
2.250	0	0

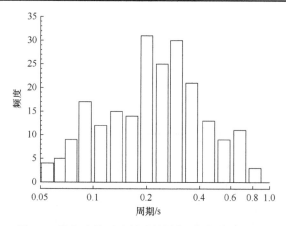

图 2-3　埃尔森特罗地震动的周期-频度谱(零交法)

表 2-2 的中间一列的总和为 219，右侧一列为相对频度，是各个等级的频度占频度总数的百分率。不用说，相对频度合计为 100%。相对频度按周期用折线画出，得到图 2-4，即周期-相对频度曲线，或叫做周期-频度谱。

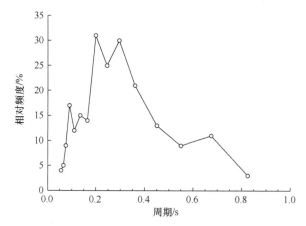

图 2-4　埃尔森特罗地震动的周期-频度谱(零交法)

从图 2-3 或图 2-4 可以看出，对埃尔森特罗地震动来说，在周期为 0.18～0.22 s 的等级，或区间值为 0.20 s 的等级内，频度最大，在频度分布图上出现了峰。这样，当某个周期的频度最高时，就说这个周期卓越，并称这个周期为卓越周期。

零交法是从波形与零线的相交点着眼以取得波形所含的周期信息的。现在再回过头来看图 2-1，应注意，在图中标有 A 的那个部分，叠加着一些非常短、振幅非常小的波，即涟波，它们和零线并不相交，也就不能作为周期成分检出。这就是说，与正弦波和余弦波等规则波不同，波形越不规则，由零交法得到的周期-频度与实际周期的差别就越大。显然，对于短周期波，存在着遗漏的倾向。因而，把零交法这种分析方法想象成一种回路或一个系统，把要分析的地震动当作系统的输入，而把表 2-2 或图 2-3、图 2-4 中的分析结果看成是从系统输出时，这种系统就是能使低频分量容易通过而高频分量难以通过的一种低通滤波器。

这种高频分量的遗漏确实是分析法上的缺点。但是，从另一方面看，去掉一些次要的东西，抓住波的整体的主要特性，实在是一个难舍的优点。事实上，与后面要讲到的起伏很乱的傅里叶谱相比，更显出图 2-4 中频度曲线的清晰明快，真具有"高手的名画"的特色。

上述这种说法，对零交法不免有些过誉，有点忽略理论严密性。但是，为什么敢说它是高手的名画呢？因为只要通览金井博士发表在抗震工程学领域的大量重大成果，就会发现这种方法可以被灵活动用，就敢于说它是"高手的名画"。这种方法确实能将抗震上不需要的东西加以舍弃，而将必需的东西显示出来。这种分析方法，主要由金井博士在脉动分析上经常利用，因此图 2-4 中的周期-频度谱也叫做金井谱。

前面已经讲到，对于不规则波存在漏检周期的问题，现在谈一下如何用量来表达波的规则和不规则程度。设 N_0 是斜率为正的波与零线相交的点数，N_m 是波形的极大点即峰值的个数，并用下面公式定义的 ε 表示不规则指数(irregularity index)

$$\varepsilon = \sqrt{1 - \left(\frac{N_0}{N_m}\right)^2} \tag{2-2}$$

对于图 2-1 所示的规则的正弦波或余弦波(A 部分除外)情形，容易看出

$$N_0 = N_m$$

因而，根据式(2-2)，不规则指数

$$\varepsilon = 0$$

即对于规则的波来说，它的不规则度为 0。反之，如图 2-1 中的 A 部分，叠加着许多小的涟波，这时

$$N_m \gg N_0$$

因此，不规则指数 $\varepsilon \approx 1$。例如，埃尔森特罗地震动的不规则指数为 0.685。

此外，对图 1-9 的随机地震动，也可计算它的不规则指数

$$N_0 = 235, \quad N_m = 334$$

$$\varepsilon = 0.711$$

前面说过，这个波是由完全不规则的杂乱的乱数连接而成的，但从不规则指数看，很意外，不规则度却并不大。因此，这里所谈的不规则度，与随机波的杂乱造成的不规则性意义是不同的。一般习惯上总将式(2-2)表示的 ε 叫做不规则指数，但作者按照它表示涟波多少的含义，给它起了一个名字，叫做涟波指数。

在零交法中，只着眼于图像的横轴即时间和周期，而对记录的纵坐标即振幅的大小，一点也没有涉及。为了弥补这个缺点，有时就作出如图 2-5 所示的图。这时，用零交法间隔的 2 倍的倒数，即用频率作横坐标，将这两点间的最大振幅作为纵坐标。图 2-5 是对埃尔森特罗地震动所作的这类的图。如果给这类图起一个名字，应该叫做按零交法得到的局部最大振幅谱。它的最高的峰值与后面要讲到的傅里叶谱峰值位置是大致相同的。

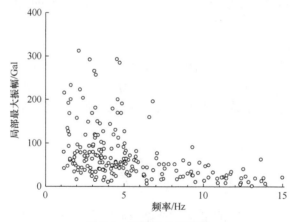

图 2-5　局部最大振幅谱

2.2　峰　点　法

再看图 2-1，P_1 和 P_2 之间，即谷与谷(或峰与峰)之间的时间间隔，也可以用来表示波的周期。这里以峰与峰之间的时间作为周期，并计算各级间峰出现的次数，将涟波的波形也统计在内，由此得出波形的周期特性，这种方法称为峰点法。

采用表 2-1 中同样的等级和级代表值,按照峰点法来求埃尔森特罗地震动的周期-频度谱,其结果见图 2-6。将这个结果与图 2-4 的零交法结果比较,虽然两者都来自同一个埃尔森特罗地震动数据,但差别是相当大的。整个曲线向左侧——短周期一侧靠拢。这是由于采用峰点法时,涟波的峰也一个个地都被检出来,存在高频波容易检出的倾向,所以说峰点法是一种高通滤波器。

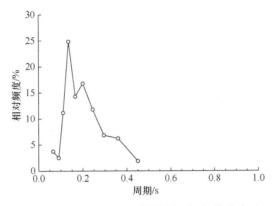

图 2-6　埃尔森特罗地震动的周期-频度谱(峰点法)

用峰点法求图 1-9 中随机地震动的周期-频度谱时,得到图 2-7 的结果。由这个图可见,从 0.03 s 到 0.07 s 之间的周期,几乎以同样的频度出现,没有特别卓越的周期,显示了所谓白噪声的特性。但是,就全部周期来看,它们的频度并不是一样的,只是在有限范围内如此。因此并非完全"白色",意味着略带混色,这样的随机波可称为混色或有限带宽白噪声。

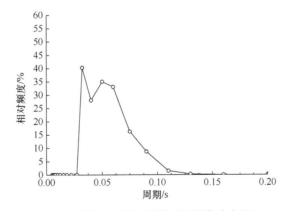

图 2-7　随机地震动的周期-频度谱(峰点法)

2.3　周期-频度谱相关程序

下面程序给出了基于 2.1 节零交法原理计算的埃尔森特罗地震动记录的零交点数、周期-频度，以及对应的局部最大振幅谱和采用式(2-2)计算出的地震动记录的不规则指数。MATLAB 程序代码如下：

```matlab
%% ==========零交法计算埃尔森特罗的周期-频度谱========= %%
clear
clc
%加载数据
load A.txt  %A.txt 文件按照列向量存储了埃尔森特罗地震动的数据,
加%速度通常缩写为 A, 因此著者直接将埃尔森特罗地震动加速度时程简记为 A
dt=0.02;
t=(dt:dt:length(A)*dt)';
num=1;
Band=[0.05 0.06 0.07 0.08 0.10 0.12 0.15 0.18 0.22 ...
0.27 0.32 0.4 0.5 0.6 0.75 0.90 1.10 1.30 1.60 2.00 2.5];
%区间端点值
Band=Band';
%% =========计算零点=========== %%
for i=2:1:length(A)
    if A(i-1)*A(i) < 0
        Loc(num,1)=i;
        Zeros(num,1)=dt/(abs(A(i)/A(i-1))+1)+dt*(i-1);
%零交点对应的时刻
        num=num+1; %零交点个数
    else
    end
end
figure
plot(t,A);
%% =========计算周期和对应的频率=========== %%
for i=2:1:length(Zeros)
    Interval(i-1,1)=Zeros(i)-Zeros(i-1);
```

```
end
Interval=Interval*2;  %周期
for i=1:1:20
    Loc=find(Interval > Band(i) & Interval < Band(i+1)...
            | Interval == Band(i));
    frequency(i,1)=length(Loc);  %频度
end
Frequency=frequency./sum(frequency).*100;%相对频度
%% ==========计算不规则指数 epsilon============ %%
N0=0;
for i=2:1:length(A)
    if A(i-1)*A(i) < 0 && A(i-1)<0
        N0=N0+1;
    end
end


Nm=0;
for i=2:1:length(A)-1
    if A(i-1)<A(i) && A(i)>A(i+1)
        Nm=Nm+1;
    end
end
epsilon=(1-(N0/Nm)^2)^0.5;  %不规则指数
%% ============局部最大振幅谱（图 2.5）============ %%
FRE=1./(Interval);%频率
for j=1:length(Zeros)-1
zpga(j)=max(abs(A(round(Zeros(j)/dt):round(Zeros(j+1)...
            /dt),1)))*980;%局部最大振幅
end
figure
scatter(FRE,zpga);
xlim([0 15]);
```

该程序给出了基于 2.2 节峰点法原理计算的埃尔森特罗地震动记录的周期-

频度。下面为 MATLAB 程序代码:

```
%% ===========峰点法=========== %%
clear
clc
%加载数据
load A.txt
dt=0.02;
t=(dt:dt:length(A)*dt)';
num=1;
Band=[0.05 0.06 0.07 0.08 0.10 0.12 0.15 0.18 0.22 ...
0.27 0.32 0.4 0.5 0.6 0.75 0.90 1.10 1.30 1.60 2.00 2.5];
%区间端点值
Band=Band';
for i=2:1:length(A)-1
    if A(i-1) < A(i) && A(i) > A(i+1)
        Loc(num,1)=i;
        num=num+1; %峰点数
    end
end
plot(t,A);
for i=2:1:length(Loc)
    Interval(i-1,1)=Loc(i)-Loc(i-1);
end
Interval=Interval* dt; %周期
for i=1:1:20
    Loc=find(Interval > Band(i) & Interval < Band(i+1) ...
| Interval == Band(i));
    frequency(i,1)=length(Loc);   %频度
end
Frequency=frequency./sum(frequency).*100;%相对频度
```

该程序给出了基于 2.2 节峰点法原理计算的随机地震动的周期-频度, 以及采用式(2-2)计算出的随机地震动的不规则指数。下面为 MATLAB 程序代码:

```matlab
%% =============峰点法============= %%
clear
clc
%加载数据
load 随机地震动.txt
A=X_____;
dt=0.02;
t=(dt:dt:length(A)*dt)';
num=1;
Band=[0.05 0.06 0.07 0.08 0.10 0.12 0.15 0.18 0.22 ...
0.27 0.32 0.4 0.5 0.6 0.75 0.90 1.10 1.30 1.60 2.00 2.5];
%区间端点值
Band=Band';
for i=2:1:length(A)-1
    if A(i-1) < A(i) && A(i) > A(i+1)
        Loc(num,1)=i;
        num=num+1; %峰点数
    end
end
plot(t,A);
for i=2:1:length(Loc)
    Interval(i-1,1)=Loc(i)-Loc(i-1);
end
Interval=Interval*dt; %周期
for i=1:1:20
    Loc=find(Interval > Band(i) & Interval < Band(i+1) ...
| Interval == Band(i));
    frequency(i,1)=length(Loc); %频度
end
Frequency=frequency./sum(frequency).*100;%相对频度
%% =========计算不规则指数 epsilon============ %%
N0=0;
for i=2:1:length(A)
    if A(i-1)*A(i) < 0 && A(i-1)<0
        N0=N0+1;
```

```
      end
   end
Nm=0;
for i=2:1:length(A)-1
    if A(i-1)<A(i) && A(i)>A(i+1)
        Nm=Nm+1;
    end
end
epsilon=(1-(N0/Nm)^2)^0.5;  %不规则指数
```

2.4　概　率　密　度

前面在介绍零交法时，提到过关于频率和局部最大振幅所组成的一种特殊的谱，但是除此以外，零交法也好，峰点法也好，在进行周期-频度分析时，都只注意到波的周期性质。因而，只看到时间坐标即横轴，至于纵轴即波的振幅就根本没有考虑。与此相反，下面要讲的概率密度分布，全然和时间因素无关，将只着眼于波的振幅。

在一条地震动中，包含着各种大小振幅成分的波。有的地震动中，大振幅的波反复多次地出现；而有的地震动中，大振幅的只有一两个波，以后长时间持续着的都是一些振幅很小的波。在这种情况下，应该关心的问题并不是振幅本身的大小，而是包含在各式各样波中的大小振幅的混杂情况，也就是它的分布问题。在某些场合下，可能会有这样的情形，有的地震动只在正方向的一侧上振动，而在负方向的一侧不怎么振动。在这种情况下，振幅是偏于一个方向分布的。

将地震动的振幅分为几个等级，在各个等级内振幅读数值的个数，也就是振幅的频度，叫做概率密度。它的分布，叫做概率密度分布。说得更通俗一些，如果在图 2-8 中，在波的右侧立一屏幕，让光线从左边照过来。这样，在波大量重叠的地方，密度就浓，光线就难以通过，而密度稀的地方，光线容易通过，在屏幕上就出现浓淡不同的影子。这个浓淡影子的分布就显示出这个波的概率密度分布。

图 2-8 是埃尔森特罗地震动的时程，图的右边表示影子浓淡的折线图，即概率密度分布曲线或概率密度谱。埃尔森特罗地震动的概率密度分布结果见表 2-3。这里请注意，所用的振幅不是地震动原来的振幅，而是经过标准化使振幅的最大值(这里埃尔森特罗地震动的是 312 Gal)刚好调整为 1 以后，各个振幅的调整值，即相对振幅，并且把介于 ±1 之间的相对振幅，按 0.1 的间隔分成 21 个等级。表 2-3 中各等级的频度，即概率密度分布，用百分率表示。

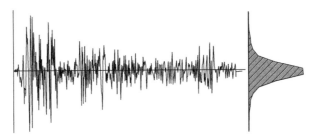

图 2-8　地震动的概率密度分布

表 2-3　埃尔森特罗地震动的概率密度分布

相对幅值	概率密度/%
1.00	0.14
0.90	0.07
0.80	0.27
0.70	0.40
0.60	1.00
0.50	1.27
0.40	2.27
0.30	4.73
0.20	13.13
0.10	26.40
0.00	26.73
−0.10	13.53
−0.20	5.00
−0.30	2.27
−0.40	1.07
−0.50	0.80
−0.60	0.33
−0.70	0.33
−0.80	0.13
−0.90	0.13
−1.00	0.00

注：平均值为−0.000，标准差为 0.196。

　　在图 2-9 中，将这些结果按照概率密度谱的形式画出。可以看出，这一曲线和前面图 2-8 中的影子形状大体上是相似的。

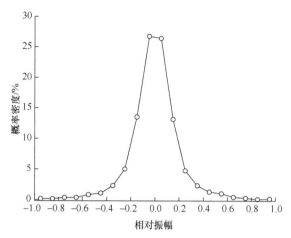

图 2-9　埃尔森特罗地震动的概率密度谱

在研究分布问题时，首先要研究分布中心问题。如果分布是左右对称的，顾名思义，中心就在正中央，但是中心偏于一侧的情况也是有的。决定分布中心位置的是全部采样值的平均值。设采样值为 $x_m(m = 0, 1, 2, \cdots, N-1)$，其平均值为

$$\bar{x} = \frac{1}{N} \sum_{m=0}^{N-1} x_m \tag{2-3}$$

下面分析分布的宽度。有些情况下，采样值围绕中心值相当集中，有些情况下，采样值远远离开中心，这种分布宽度是用所谓标准差来表示的。标准差 σ 为

$$\sigma = \sqrt{\sum_{m=0}^{N-1} (x_m - \bar{x})^2 / N}$$

或

$$\sigma = \sqrt{\sum_{m=0}^{N-1} x_m^2 - \bar{x}^2} \tag{2-4}$$

埃尔森特罗地震动的平均值和标准差已在表 2-3 中给出。但请注意，这些数值都已按地震动的最大振幅值标准化了。因而，这里 $\sigma = 0.194$，相当于原始数据的标准差为

$$\sigma = 312 \times 0.196 \ \text{Gal} \approx 61 \ \text{Gal}$$

无论表 2-3 还是图 2-9，有关振幅都已经按它的最大值标准化了。对此，先计算采样值的标准差，标准差也要进行标准化。于是，图 2-9 中的横轴代表了按标准差标准化后的相对振幅。例如，最大振幅的位置距离中心相当于标准差的多少

倍，从图中可以一目了然，使用起来十分方便。如后面要讲述的，使用这种方法
与理论的概率分布进行比较时，也是十分方便的。

2.5　高　斯　分　布

现在，采用与图 2-9 相同的方法来作图 1-9 随机地震动的概率密度谱，其结
果见图 2-10。曲线的形状大致左右对称，与埃尔森特罗地震动的马特合恩峰[①]式
的形状不同，峰顶丰满。图 2-10 中也标出了有关的平均值和标准差。

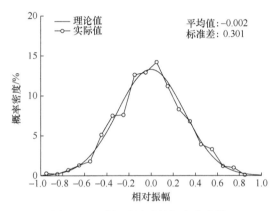

图 2-10　随机地震动的概率密度谱

通常，随机波的概率密度分布在理论上取正态分布，或取高斯分布的分布图
形。设某个变量为 x，其平均值为 $\bar{x}$，σ 为标准差，则高斯分布可用函数

$$p(x) = \frac{1}{\sigma\sqrt{2\pi}} e^{-(x-\bar{x})^2/(2\sigma^2)} \tag{2-5}$$

来表示。其中，x 为相对振幅，采用图 2-10 所记的平均值和标准差，按照式(2-5)
计算其高斯分布，结果如图中的实线所示。

从图 2-10 可以看出，虽然可以说实际值与理论值也是相当符合的，但实际上
并不是这样。因为图 1-9 中的随机地震动，已经介绍过是由前后毫无关系的任意
点排列成的，这种任意点是按照具有概率密度分布特点的随机数——正态随机数
作出来的。因此，自然应该相符合，而在这个随机地震动的情况下，还不如说读
数点的总数 256 个还不够大，因而，与理论值之间还有相当偏差。

---

①马特合恩峰（Matterhorn）为阿尔卑斯山中一高峰，位于意大利和瑞士边界上，峰形尖耸。

2.6　概率密度分布相关程序

下面程序给出了基于 2.4 节概率密度原理计算的埃尔森特罗地震动记录的概率密度谱。MATLAB 程序代码如下:

```
%% =====概率密度分布========= %%
clear
clc
%加载数据
load A.txt
dt=0.02;
A=A./max(abs(A));
Band=[-1 -0.9 -0.8 -0.7 -0.6 -0.5 -0.4 -0.3 -0.2 -0.1
...
0 0.1 0.2 0.3 0.4 0.5 0.6 0.7 0.8 0.9 1.0]; %相对振幅
Band=Band';
    for i=1:1:20
    Loc=find(A > Band(i) & A < Band(i+1) | A == Band(i));
    frequency(i,1)=length(Loc); %频度
    end
    Frequency=frequency./sum(frequency).*100; %概率密度
```

下面程序给出了基于 2.4 节概率密度原理计算的随机地震动的概率密度谱和基于 2.5 节计算的随机地震动在理论上应取的高斯分布图形,并将二者进行了对比。MATLAB 程序代码如下:

```
%% =====概率密度分布========= %%
clear
clc
%加载数据
load 随机地震动.txt
A=X_____;
dt=0.02;
A=A./max(abs(A));
```

```
Band=[-1 -0.9 -0.8 -0.7 -0.6 -0.5 -0.4 -0.3 -0.2 -0.1
...
0 0.1 0.2 0.3 0.4 0.5 0.6 0.7 0.8 0.9 1.0]; %相对振幅
Band=Band';
    for i=1:1:20
    Loc=find(A > Band(i) & A < Band(i+1) | A == Band(i));
    frequency(i,1)=length(Loc); %频度
    end
    Frequency=frequency./sum(frequency).*100; %概率密度
%% =====高斯分布========= %%
x=-1:0.002:1; %相对振幅
fx=normpdf(x,mean(A),std(A));%高斯分布
fx=fx.*1001./100;
figure
F=[-0.95 -0.85 -0.75 -0.65 -0.55 -0.45 -0.35 -0.25 -0.15
-0.05 0.05 0.15 0.25 0.35 0.45 0.55 0.65 0.75 0.85 0.95];
plot(F,Frequency,'-o')  %随机地震动的概率密度谱
hold on
plot(x,fx)  %高斯分布
```

第3章 傅里叶谱

3.1 有限傅里叶近似

如图 1-10(a)所示，将画在时间轴上的函数记录称作时间历程，或简称为时程。如果同图 1-10(b)那样，把这样的过程按等间隔读取离散的采样点，得到的采样值为一数列，这样的数列叫做时间序列。现在，想用这种离散的采样值来求原来光滑曲线的表达式。换句话说，要做一种尝试，使原来的曲线重现。

如取采样点间隔为 Δt，采样数为 N，则持续时间为

$$T = N\Delta t \tag{3-1}$$

再取各点的采样值为 x_m，这里 m 为采样点的序号，即

$$m = 0, 1, 2, 3, \cdots, N\text{–}1$$

都是整数。第 m 个采样点的时刻

$$t = m\Delta t$$

因而，如果以 $x(t)$ 表示原来的时间函数，则

$$x_m = x(m\Delta t) \tag{3-2}$$

因为 N 是采样数，可以为任意整数，这里令它为偶数，并且 N 不仅是一个偶数，而且是一个特殊的偶数。以后会知道，这样做是很有好处的。

要确定一个函数，使它全部通过 m 个采样点，实际上办法是很多的。这里采用一种三角函数。通常采用以

$$A_0, A_1, A_2, \cdots, A_k, \cdots$$
$$B_0, B_1, B_2, \cdots, B_k, \cdots$$

为常数的三角函数式

$$A_0 + A_1 \cos t + A_2 \cos 2t + \cdots + A_k \cos kt + \cdots$$
$$+ B_0 + B_1 \sin t + B_2 \sin 2t + \cdots + B_k \sin kt + \cdots$$

上式可归纳成

$$\sum_{k=0}^{\infty}\left[A_k \cos kt + B_k \sin kt\right] \tag{3-3}$$

形的级数，称为三角级数。如将式(3-3)中的 t 代换为 $\dfrac{2\pi}{T}t$，或者由式(3-1)代换为 $\dfrac{2\pi}{N\Delta t}t$，则

$$\sum_{k=0}^{\infty}\left[A_k \cos\frac{2\pi kt}{N\Delta t} + B_k \sin\frac{2\pi kt}{N\Delta t}\right] \tag{3-4}$$

还是三角函数。

式(3-4)为 k 由 0 到无限大的和式，是一个无穷级数，现在将它在 $k=N/2$ 处切断，则得到的

$$\sum_{k=0}^{N/2}\left[A_k \cos\frac{2\pi kt}{N\Delta t} + B_k \sin\frac{2\pi kt}{N\Delta t}\right] \tag{3-5}$$

为有限三角级数。

这个三角级数，显然是时间 t 的函数。现在让这个函数正好通过 N 个采样点 x_m，要通过式(3-5)来求原来函数的表达式。为此，令第 m 个采样点的时刻为

$$t = m\Delta t$$

时，则式(3-5)的值和采样值 x_m 相等，即等式

$$x_m = \sum_{k=0}^{N/2}\left[A_k \cos\frac{2\pi km}{N} + B_k \sin\frac{2\pi km}{N}\right] \tag{3-6}$$

对于 m 的一切值 $m=0, 1, 2, 3, \cdots, N-1$ 都是成立的。可以看出，这个式子含有

$$A_0, A_1, A_2, \cdots, A_{N/2}$$
$$B_0, B_1, B_2, \cdots, B_{N/2}$$

共 $2(N/2+1)$ 个常数。但是，当 $k=0$ 时，显然

$$B_0 \sin\frac{2\pi km}{N} = 0$$

而且，当 $k=N/2$ 时

$$B_{N/2} \sin\frac{2\pi(N/2)m}{N} = B_{N/2} \sin m\pi = 0$$

因而，常数 B_0 和 $B_{N/2}$，从一开始就不必考虑。式(3-6)只包含 N 个常数

$$\left.\begin{array}{l} A_0, A_1, A_2, \cdots, A_{N/2-1}, A_{N/2} \\ B_1, B_2, \cdots, B_{N/2-1} \end{array}\right\} \tag{3-7}$$

此外，当 $k=0$ 时，存在

$$A_0 \cos\frac{2\pi km}{N} = A_0$$

所以，可写成

$$x_m = A_0 + \sum_{k=1}^{N/2-1}\left[A_k \cos\frac{2\pi km}{N} + B_k \sin\frac{2\pi km}{N} \right] + A_{N/2}\cos\frac{2\pi(N/2)m}{N}$$

再稍作加工，可把常数 A_0 和 $A_{N/2}$ 分别写成 $A_0/2$，$A_{N/2}/2$。为什么要这样做呢？以后会知道，这样做可使数字表达式清晰明了。于是，可把式(3-6)写成

$$x_m = \frac{A_0}{2} + \sum_{k=1}^{N/2-1}\left[A_k \cos\frac{2\pi km}{N} + B_k \sin\frac{2\pi km}{N} \right] + \frac{A_{N/2}}{2}\cos\frac{2\pi(N/2)m}{N} \tag{3-8}$$

如前所述，这个式子包含了如式(3-7)所示的 N 个常数，而且对全部值 $x_0, x_1, \cdots,$ x_{N-1} 都成立，便得到如式(3-8)那样的 N 个方程。因而，若把 N 个常数看作未知数，则未知数的个数为 N，方程的个数也为 N，根据多元联立方程组的解法，就能求出全部 N 个未知数，即式(3-7)中的所有常数。有了这样确定的 N 个未知数，有限三角级数式(3-5)所表示的时间函数就一定通过全部的 x_m 点。

由式(3-8)的 N 元联立方程求解未知数 A_k、B_k，固然可以采用普通联立方程组的解法，但是，如果能充分利用三角函数的特殊性质，将更为简单易行。不过，为此需稍作准备。首先，需了解简单的三角函数的积化合差的公式

$$2\cos\alpha\cos\beta = \cos(\alpha+\beta) + \cos(\alpha-\beta) \tag{3-9}$$

$$2\cos\alpha\sin\beta = \sin(\alpha+\beta) - \sin(\alpha-\beta) \tag{3-10}$$

$$2\sin\alpha\sin\beta = -\cos(\alpha+\beta) + \cos(\alpha-\beta) \tag{3-11}$$

$$2\cos^2\alpha = 1 + \cos 2\alpha \tag{3-12}$$

$$2\sin^2\alpha = 1 - \cos 2\alpha \tag{3-13}$$

并请记住下述角度为等差数列的 N 项正弦与余弦之和的公式

$$\cos\alpha + \cos(\alpha+\beta) + \cos(\alpha+2\beta) + \cdots + \cos\{\alpha+(N-1)\beta\}$$

$$= \cos\left(\alpha+\frac{N-1}{2}\beta\right)\sin\frac{N\beta}{2}\bigg/\sin\frac{\beta}{2}$$

$$\sin\alpha + \sin(\alpha+\beta) + \sin(\alpha+2\beta) + \cdots + \sin\{\alpha+(N-1)\beta\}$$

$$= \sin\left(\alpha+\frac{N-1}{2}\beta\right)\sin\frac{N\beta}{2}\bigg/\sin\frac{\beta}{2}$$

这两个公式可简单证明如下：对上式左边乘以 $\sin(\beta/2)$，利用式(3-10)和(3-11)，再一项一项地相消，便能得到如同等式右边分子部分的形式。如果再使这两个式子中的第一项 $\alpha=0$，则得

$$\cos 0 + \cos \beta + \cos 2\beta + \cdots + \cos(N-1)\beta = \cos \frac{N-1}{2}\beta \cdot \sin \frac{N\beta}{2} \Big/ \sin \frac{\beta}{2}$$

$$\sin 0 + \sin \beta + \sin 2\beta + \cdots + \sin(N-1)\beta = \sin \frac{N-1}{2}\beta \cdot \sin \frac{N\beta}{2} \Big/ \sin \frac{\beta}{2}$$

或者写成

$$\sum_{m=0}^{N-1} \cos \beta m = \cos \frac{N-1}{2}\beta \cdot \sin \frac{N\beta}{2} \Big/ \sin \frac{\beta}{2} \tag{3-14}$$

$$\sum_{m=0}^{N-1} \sin \beta m = \sin \frac{N-1}{2}\beta \cdot \sin \frac{N\beta}{2} \Big/ \sin \frac{\beta}{2} \tag{3-15}$$

下一步，考虑下列三角函数的乘积之和

$$S = \sum_{m=0}^{N-1} \cos \frac{2\pi lm}{N} \cos \frac{2\pi km}{N} \tag{3-16}$$

式中，l 与 k 为从 1 到 $N/2-1$ 之间的任何整数，但它不取 0 或 $N/2$。

由式(3-9)，得

$$S = \frac{1}{2}\sum_{m=0}^{N-1}\left[\cos \frac{2\pi(l+k)m}{N} + \cos \frac{2\pi(l-k)m}{N}\right]$$

再参照式(3-14)的左边，由上式括号内第一项

$$\beta = \frac{2\pi(l+k)}{N}$$

和第二项

$$\beta = \frac{2\pi(l-k)}{N}$$

因而，该式变为

$$S = \frac{1}{2}\cos\left\{\frac{N-1}{N}\cdot\pi(l+k)\right\}\sin\left\{\pi(l+k)\right\}\Big/\sin\frac{\pi(l+k)}{N}$$

$$+ \cos\left\{\frac{N-1}{N}\cdot\pi(l-k)\right\}\cdot\sin\left\{\pi(l-k)\right\}\Big/\sin\frac{\pi(l-k)}{N}$$

由于 $\pi(l+k)$ 是 π 的整倍数，因而 $\sin\{\pi(l+k)\}=0$，所以式中括号内的第一项为 0，第二项中同样也为 $\sin\{\pi(l-k)\}=0$，因此除了当 $l=k$ 之外，第二项也总等于 0，所以有

$$S = 0$$

但是，当 $l = k$ 时，括号内第二项的分子与分母均为 0，这个方法就不再适用。因此，对于 $l = k$ 的情况必须特别处理。这时要重新回到式(3-16)，并令 $l = k$，则得

$$S = \sum_{m=0}^{N-1} \left[\cos \frac{2\pi km}{N} \right]^2$$

根据式(3-12)得

$$S = \frac{1}{2} \sum_{m=0}^{N-1} \left[1 + \cos \frac{4\pi km}{N} \right] = \frac{N}{2} + \cos \left\{ \frac{N-1}{N} \cdot 2\pi k \right\} \sin(2\pi k) \bigg/ \sin \frac{2\pi k}{N} = \frac{N}{2}$$

由式(3-16)表示的三角函数的乘积和为

$$\text{当 } k \neq l \text{ 时，} \quad S = 0$$

$$\text{当 } k = l \text{ 时，} \quad S = \frac{N}{2}$$

下面，仍使 k，l 为满足 $1 \leqslant k, l \leqslant N/2 - 1$ 的整数，来考察 sin 同类乘积的和

$$\sum_{m=0}^{N-1} \sin \frac{2\pi lm}{N} \sin \frac{2\pi km}{N}$$

情况和式(3-16)的 cos 情况相同，当 $k \neq l$ 时，S 为 0，当 $k = l$ 时，S 为 $N/2$。下面，我们再考虑 sin 与 cos 的乘积的和

$$\sum_{m=0}^{N-1} \sin \frac{2\pi lm}{N} \cos \frac{2\pi km}{N}$$

这时，不论是否 $k = l$，乘积的和总是为零。这两种情况与处理式(3-16)时的情况完全相同，读者可自行证明。

上述结果，可以归纳为

$$
\left.
\begin{aligned}
\sum_{m=0}^{N-1} \cos \frac{2\pi lm}{N} \cos \frac{2\pi km}{N} &= \begin{cases} N/2, & k = l \\ 0, & k \neq l \end{cases} \\
\sum_{m=0}^{N-1} \sin \frac{2\pi lm}{N} \sin \frac{2\pi km}{N} &= \begin{cases} N/2, & k = l \\ 0, & k \neq l \end{cases} \\
\sum_{m=0}^{N-1} \sin \frac{2\pi lm}{N} \cos \frac{2\pi km}{N} &= 0
\end{aligned}
\right\}
\tag{3-17}
$$

这个性质叫做由 $\cos(2\pi km/N)$ 与 $\sin(2\pi km/N)$ 构成的三角函数系的正交性。式(3-17)的意义是：当自身与自身相乘后再相加，可得到一个常数，而当与自身以外的其他量相乘后再相加时，则全部为零，把这个性质叫做"正交"，是由于式(3-17)与表示两个向量正交条件的数学表达式具有相同的形式。可是，式(3-17)并不

是对三角函数的所有值都能成立，而只是对 k 和 l 为整数时的那些离散的点才能成立。因此，说得详细些，把它叫做选点正交性。

顺便，让我们再来作关于和式

$$\sum_{m=0}^{N-1} \cos\frac{2\pi km}{N}$$

与

$$\sum_{m=0}^{N-1} \cos\frac{2\pi(N/2)m}{N} \cos\frac{2\pi km}{N}$$

的计算。希望读者能自己证明，上面两个和式，各自仅在 $k=l$ 与 $k=N/2$ 时，才分别等于 N，在其他情况下均为 0。即

$$\left.\begin{aligned}
\sum_{m=0}^{N-1} \cos\frac{2\pi km}{N} &= \begin{cases} N, & k=0 \\ 0, & k \neq 0 \end{cases} \\
\sum_{m=0}^{N-1} \cos\frac{2\pi(N/2)m}{N} \cos\frac{2\pi km}{N} &= \begin{cases} N, & k=N/2 \\ 0, & k \neq N/2 \end{cases}
\end{aligned}\right\} \tag{3-18}$$

式(3-18)实际上是式(3-17)中的第一式，只不过其中的 l 分别取 $l=0$ 与 $l=N/2$ 而已。自身相同的项经相乘后相加时，在式(3-17)中为 $N/2$，对于稍有不同的式(3-18)就不同了，不再为 $N/2$，而是 N，这一点是很有意思的。

至此，准备工作才大体上完成。准备工作太长了，恐怕连要干的是什么都已经忘记。现在，要把满足式(3-8)的、在式(3-7)里所含的 N 个系数求出来。

在式(3-8)中，k 只是单纯表示项序的整数而已，如果用别的字母来表示也完全一样。现在用 l 来代替 k，则式(3-8)为

$$x_m = \frac{A_0}{2} + \sum_{l=1}^{N/2-1}\left[A_l\cos\frac{2\pi lm}{N} + B_l\sin\frac{2\pi lm}{N} \right] + \frac{A_{N/2}}{2}\cos\frac{2\pi(N/2)m}{N} \tag{3-19}$$

将式(3-19)的两边同时乘以 $\cos(2\pi km/N)$，便得

$$\begin{aligned}
x_m \cos\frac{2\pi km}{N} = {} & \frac{A_0}{2}\cos\frac{2\pi km}{N} \\
& + \sum_{l=1}^{N/2-1}\left[A_l\cos\frac{2\pi lm}{N}\cos\frac{2\pi km}{N} + B_l\sin\frac{2\pi lm}{N}\cos\frac{2\pi km}{N} \right] \\
& + \frac{A_{N/2}}{2}\cos\frac{2\pi(N/2)m}{N}\cos\frac{2\pi km}{N}
\end{aligned}$$

进一步，从 $m=0$ 到 $m=N-1$，求上式的总和，得

$$\sum_{m=0}^{N-1} x_m \cos\frac{2\pi km}{N} = \frac{A_0}{2} \sum_{m=0}^{N-1} \cos\frac{2\pi km}{N} + \sum_{m=0}^{N-1}\sum_{l=1}^{N/2-1}\left[A_l \cos\frac{2\pi lm}{N}\cos\frac{2\pi km}{N}\right.$$

$$\left. +B_l \sin\frac{2\pi lm}{N}\cos\frac{2\pi km}{N}\right]$$

$$+\frac{A_{N/2}}{2}\sum_{m=0}^{N-1}\cos\frac{2\pi(N/2)m}{N}\cos\frac{2\pi km}{N}$$

其中，有双重求和符号 $\sum$ 的地方，先按 l 相加，然后再将该和式按 m 相加。但是，即使将这个加法的先后顺序颠倒过来，结果也是相同的。现在我们再把式子改写一下

$$\sum_{m=0}^{N-1} x_m \cos\frac{2\pi km}{N} = \frac{A_0}{2}\left[\sum_{m=0}^{N-1}\cos\frac{2\pi km}{N}\right] + \sum_{l=1}^{N/2-1}A_l\left[\sum_{m=0}^{N-1}\cos\frac{2\pi lm}{N}\cos\frac{2\pi km}{N}\right]$$

$$+\sum_{l=1}^{N/2-1}B_l\left[\sum_{m=0}^{N-1}\sin\frac{2\pi lm}{N}\cos\frac{2\pi km}{N}\right] \tag{3-20}$$

$$+\frac{A_{N/2}}{2}\left[\sum_{m=0}^{N-1}\cos\frac{2\pi(N/2)m}{N}\cos\frac{2\pi km}{N}\right]$$

在这个式子中，用 [ ] 括出了四种不同的项。不过，它们已在前面的准备计算中讨论过了。

首先，在式(3-20)的第三个 [ ] 中，按照式(3-17)的第三式，都为零；在第一个和第四个 [ ] 中，除了碰到 $k=0$ 或 $k=N/2$ 的场合以外，按照式(3-18)也应为零。因此，右边只剩下了第二项，可把式子写成

$$\sum_{m=0}^{N-1} x_m \cos\frac{2\pi km}{N} = \sum_{l=1}^{N/2-1}A_l\left[\sum_{m=0}^{N-1}\cos\frac{2\pi lm}{N}\cos\frac{2\pi km}{N}\right]$$

但是，根据式(3-7)的第一式，在这个 [ ] 中，除了 $k=l$ 时 S 为 N/2 以外，其他情况全部等于零。因此，这个式子的右边尽管是从 $l=1$ 到 $l=N/2-1$ 的和式，但实际上为

$$A_1 \cdot 0 + A_2 \cdot 0 + \cdots + A_k \cdot \frac{N}{2} + \cdots + A_{N/2-1} \cdot 0$$

它的和为一单项 $A_k \cdot N/2$，即

$$\sum_{m=0}^{N-1} x_m \cos\frac{2\pi km}{N} = A_k \cdot \frac{N}{2}$$

因而

$$A_k = \frac{2}{N} \sum_{m=0}^{N-1} x_m \cos \frac{2\pi km}{N} \tag{3-21}$$

多亏前面已经做了长长的计算准备工作，在求式(3-8)中的系数时，才能这样简捷地求出答案来。

在 k 等于 0 或 $N/2$ 的情况下，式(3-20)中就只剩下了第一项或第四项，按照式(3-18)，便有

$$\sum_{m=0}^{N-1} x_m \cos \frac{2\pi km}{N} = \frac{A_0}{2} \cdot N \quad \text{或} \quad \sum_{m=0}^{N-1} x_m \cos \frac{2\pi km}{N} = \frac{A_{N/2}}{2} \cdot N$$

这时，系数在 A_0 或 $A_{N/2}$ 也具有式(3-21)所示的形式。即式(3-7)中的系数 A，其中也包括了 $k=0$ 与 $k=N/2$ 的特殊情况，对所有的 $k=0,1,2,\cdots,N/2$，都用式(3-21)表示出来了。

前面已经预先说明过，曾经将式子做了一些加工。在式(3-8)中，预先对系数 A_0 与 $A_{N/2}$ 乘上 1/2，结果终于得出了原来所希望的，形如式(3-21)的统一表达式。力求做到能够排除例外或特殊处理的情况，把一切都包含在统一的表达式中，这种做法是数学家特别重视的一种"洁癖"，或者也可说是一种艺术。

到此为止，系数 A_k 可由式(3-21)决定。下一个问题是如何求得系数 B_k。为此，对式(3-19)乘上 $\sin(2\pi km/N)$，并求出从 $m=0$ 到 $N-1$ 的总和。然后，与求 A_k 的方法完全相同，就能够求得 B_k。请读者自己完成这项工作，借以考查一下，对求 A_k 的过程是否真正地理解了。结果得到与式(3-21)相对应的简洁表达式

$$B_k = \frac{2}{N} \sum_{m=0}^{N-1} x_m \sin \frac{2\pi km}{N}$$

要做的一系列工作到此已告一段落。现在不厌重复，将这些结果总结如下：

在某时间函数下 $x(t)$ 的等间隔采样点上，当它的 N(偶数)个采样值为 x_m($m=0$, $1,2,\cdots,N-1$) 时，如

$$\left.\begin{array}{l} A_k = \dfrac{2}{N} \displaystyle\sum_{m=0}^{N-1} x_m \cos \dfrac{2\pi km}{N}, \quad k=0,1,2,\cdots,\dfrac{N}{2}-1,\dfrac{N}{2} \\[3mm] B_k = \dfrac{2}{N} \displaystyle\sum_{m=0}^{N-1} x_m \sin \dfrac{2\pi km}{N}, \quad k=1,2,\cdots,\dfrac{N}{2}-1 \end{array}\right\} \tag{3-22}$$

则 x_m 可用以 A_k、B_k 为系数的有限三角级数来表示

$$\begin{aligned} x_m = {} & \frac{A_0}{2} + \sum_{k=1}^{N/2-1}\left[A_k \cos \frac{2\pi km}{N} + B_k \sin \frac{2\pi km}{N}\right] \\ & + \frac{A_{N/2}}{2} \cos \frac{2\pi(N/2)m}{N}, \quad m=0,1,2,\cdots,N-1 \end{aligned} \tag{3-23}$$

若取采样点间隔为 Δt ，则第 m 个采样点的时刻为

$$t = m\Delta t$$

因而，

$$m = \frac{t}{\Delta t}$$

若将它代入式(3-23)中，就可把式(3-23)的右边表示为一个时间的函数。这个时间函数将逐个全部无误地通过 N 个采样值 x_m，即离散值 x_m。至于位于采样点之间的数值，正如后面所谈到的那样，并不能保证与原来的函数相一致。因而，这样得到的时间函数是原来函数的一个近似式，所以写作

$$\tilde{x}(t) = \frac{A_0}{2} + \sum_{k=1}^{N-1}\left[A_k\cos\frac{2\pi kt}{N\Delta t} + B_k\sin\frac{2\pi kt}{N\Delta t}\right] + \frac{A_{N/2}}{2}\cos\frac{2\pi(N/2)t}{N\Delta t} \tag{3-24}$$

为了推导求系数 A_k、B_k 的简洁公式(3-22)，曾多次巧妙地利用了由式(3-17)表示的三角函数的正交性。这种求任意函数 $x(t)$ 展开式的方法，是由法国数学家、物理学家傅里叶(Jean Baptiste Joseph Fourier，1768—1830)所确立的。式(3-24)以他的名字命名，叫做函数 x_m 的有限傅里叶近似，由式(3-22)求出的系数叫做有限傅里叶系数。有的时候还需要特别区别 A_k 与 B_k，往往称 A_k 为有限傅里叶余弦系数，B_k 为有限傅里叶正弦系数，并把式(3-22)的演算叫做离散值 x_m 的傅里叶变换。反之，当 A_k、B_k 为已知时，求原来采样值的演算，就称为傅里叶逆变换。

下面对有限傅里叶近似的"近似"一词稍加说明。针对某一给定的采样值，设计一个函数形状，要求这个函数对所有采样值的误差最小，也就是要求它最靠近所有的采样值。这样的函数可用某些方法来确定，一旦确定后，就可用它来近似原来的函数，或者用来代替原来的函数。确定这种函数的方法之一是读者可能都熟悉的最小二乘法。现在对于给定的采样值 x_m，假定取如式(3-24)右边那样的函数，按最小二乘法确定常数 A_k 与 B_k，得到的结果与式(3-22)的形式完全一样。关于这个方法，此处不再详述，不过在公式的推导过程中，也必须采用式(3-7)的正交性。

按照式(3-22)，对图 1-10 或表 1-1 给出的例题波的采样值，计算实际的有限傅里叶系数 A_k 与 B_k，结果见表 3-1。这类计算使用计算器就可以简单地完成，将这样求得的系数 A_k 与 B_k 再代入式(3-23)中，能重新得到原来的采样值，这也就证明了傅里叶逆变换是成立的。

表 3-1 例题波的有限傅里叶系数

k	A_k	B_k
0	0.000	0.000
1	7.759	−4.143
2	5.489	8.380
3	4.958	11.952
4	−6.750	8.750
5	−4.188	−3.856
6	−7.239	−2.370
7	3.971	−4.951
8	2.000	0.000

在式(3-22)所示的有限傅里叶余弦系数的公式中，令 $k=0$，则

$$A_0 = \frac{2}{N}\sum_{m=0}^{N-1} x_m$$

或

$$\frac{A_0}{2} = \frac{1}{N}\sum_{m=0}^{N-1} x_m \tag{3-25}$$

显然，这是全体采样值的平均值 $\bar{x}$，所以在式(3-24)给出的有限傅里叶近似式中，第一项是代表这样的平均值的。在例题波的情况下，如式(1-1)所示，采样值的平均值刚好为 0，所以在表 3-1 中可以见到 $A_0 = 0.000$。

在计算有限傅里叶系数 A_k、B_k 时，由式(3-14)和(3-15)表示的三角级数求和公式

$$\sum_{m=0}^{N-1}\cos\beta m = \cos 0 + \cos\beta + \cos 2\beta + \cos 3\beta + \cdots + \cos(N-1)\beta$$

$$\sum_{m=0}^{N-1}\sin\beta m = \sin 0 + \sin\beta + \sin 2\beta + \sin 3\beta + \cdots + \sin(N-1)\beta$$

是十分有用的。下面再列出与此十分相近的三角级数的和

$$\sum_{m=0}^{N-1}m\cos\beta m = 0\cos 0 + 1\cos\beta + 2\cos 2\beta + 3\cos 3\beta + \cdots + (N-1)\cos(N-1)\beta$$

$$\sum_{m=0}^{N-1}m\sin\beta m = 0\sin 0 + 1\sin\beta + 2\sin 2\beta + 3\sin 3\beta + \cdots + (N-1)\sin(N-1)\beta$$

在这两个三角级数中，每一项前面是一个由等差数列构成的系数。这样的级数和为

$$\left.\begin{array}{l} \sum_{m=0}^{N-1} m\cos\beta m = \frac{N}{2}\cdot\frac{\sin\left[(2N-1)\beta/2\right]}{\sin(\beta/2)} - \frac{1-\cos N\beta}{4\sin^2(\beta/2)} \\[4mm] \sum_{m=0}^{N-1} m\sin\beta m = -\frac{N}{2}\cdot\frac{\cos\left[(2N-1)\beta/2\right]}{\sin(\beta/2)} + \frac{\sin N\beta}{4\sin^2(\beta/2)} \end{array}\right\} \tag{3-26}$$

这些公式, 将在下面讲到的例题中起作用。

当采样值 $x_m (m=0,1,2,\cdots,N-1)$ 给出时, 就可按式(3-22)求它的有限傅里叶系数。但在本书中, 通常都是利用后面要专题讲解的计算机程序来计算傅里叶系数的, 直接利用式(3-22)计算有限傅里叶系数 A_k、B_k 的机会几乎是没有的。这里, 为了练习起见, 下面做两个利用式(3-22)求解的例题。

例题 1 求离散值为一常数, 即

$$x_m = a, \quad m=0,1,2,\cdots,N-1 \tag{3-27}$$

的傅里叶变换。如图 3-1(a)所示, 给出了 N 个等间隔的等值数据。

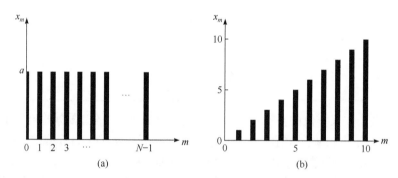

图 3-1　常数采样值和线性递增采样值

在实际上, 采样值的平均值显然为 a, 因此按式(3-25), 有

$$\frac{A_0}{2} = a$$

因为 x_m 不随 m 变化, 只要看一下式(3-23), 从直观上就可明白, 对于 $k=1$ 以上的 A_k 与 B_k, 将全部为 0。为慎重起见, 再算一下。若将式(3-27)代入式(3-22), 则 A_k 为

$$A_k = \frac{2}{N}\sum_{m=0}^{N-1} a\cos\frac{2\pi km}{N} = \frac{2a}{N}\sum_{m=0}^{N-1}\cos\frac{2\pi km}{N}$$

这就相当于式(3-14)中取 $\beta = 2\pi k/N$ 的情形。因而

$$A_k = \frac{2a}{N}\cos\frac{\pi(N-1)k}{N}\sin\pi k\Big/\sin\frac{\pi k}{N} = 0$$

至于 B_k, 按照式(3-15), 也同样可知为 0。于是, 例题的答案为

$$A_0 = 2a$$
$$A_k = B_k = 0, \quad k = 1, 2, \cdots, N/2$$
(3-28)

现在如果取 $x_m = 3.0$，$N=16$，并采用下面要讲到的程序来计算傅里叶系数，其结果见表 3-2。

表 3-2　采样值为常数时的有限傅里叶系数

k	A	B
0	6.000	0.000
1	0.000	0.000
2	0.000	0.000
3	0.000	0.000
4	0.000	0.000
5	0.000	0.000
6	0.000	0.000
7	0.000	0.000
8	0.000	0.000

例题 2　下面对图 3-1(b)所示的函数值按线性增加的采样值，即数值等于序号的 N 个离散量

$$x_m = m, \quad m = 0, 1, 2, \cdots, N-1$$
(3-29)

求它的有限傅里叶级数。

若将 $x_m = m$ 代入式(3-22)，有

$$A_k = \frac{2}{N} \sum_{m=0}^{N-1} m \cos \frac{2\pi km}{N}, \quad k = 0, 1, 2, \cdots, \frac{N}{2} - 1, \frac{N}{2}$$
$$B_k = \frac{2}{N} \sum_{m=0}^{N-1} m \sin \frac{2\pi km}{N}, \quad k = 1, 2, \cdots, \frac{N}{2} - 1$$
(3-30)

这正好是式(3-26)给出的、当 $\beta = \dfrac{2\pi k}{N}$ 时的三角级数和的公式。因而，由式(3-26)可得

$$A_k = \frac{\sin\left[(2N-1)\pi k / N\right]}{\sin(\pi k / N)} - \frac{2}{N} \cdot \frac{1 - \cos(2\pi k)}{4\sin^2(\pi k / N)}$$
$$B_k = -\frac{\cos\left[(2N-1)\pi k / N\right]}{\sin(\pi k / N)} + \frac{2}{N} \cdot \frac{\sin(2\pi k)}{4\sin^2(\pi k / N)}$$
(3-31)

但是

$$\sin\left[(2N-1)\pi k / N\right] = \sin\left[2\pi k - \pi k / N\right] = -\sin(\pi k / N)\cos(2\pi k) = 1$$

$$\cos\left[(2N-1)\pi k / N\right] = \cos\left[2\pi k - \pi k / N\right] = \cos(\pi k / N)\sin(2\pi k) = 0$$

所以

$$\left.\begin{array}{l} A_k = -1 \\ B_k = -\cot(\pi k / N) \end{array}\right\} \tag{3-32}$$

不过，当 $k=0$ 时，用式(3-31)，便得到 $A_0 = 0/0$ ，这就不能适用了。这时，要回到式(3-10)的第一个式子来考虑，即得

$$A_0 = \frac{2}{N}\sum_{m=0}^{N-1} m$$

这是简单的自然数的和，不难求出

$$A_0 = \frac{2}{N}\cdot\frac{N(N-1)}{2} = N-1 \tag{3-33}$$

若把式(3-32)和式(3-33)汇总写出，就得到这个例题的解答为

$$\left.\begin{array}{l} A_0 = N-1 \\ A_k = -1, \quad k = 1,2,\cdots,N/2-1, N/2 \\ B_k = -\cot(\pi k / N), \quad k = 1,2,\cdots,N/2-1 \end{array}\right\} \tag{3-34}$$

当 $N=16$ 即数列为 $x_m = 0,1,2,\cdots,15$ 时，有限傅里叶系数所得结果见表 3-3。系数 A 的值容易理解，系数 B 则是通过式(3-34)中的 cot 函数计算的数值。

表 3-3　采样值按线性增加时的有限傅里叶系数

k	A	B
0	15.000	0.000
1	−1.000	−5.027
2	−1.000	−2.414
3	−1.000	−1.497
4	−1.000	−1.000
5	−1.000	−0.668
6	−1.000	−0.414
7	−1.000	−0.199
8	−1.000	0.000

3.2 计算有限傅里叶系数的程序

该程序给出了基于式(3-22)计算例题波数据的有限傅里叶系数和采用式(3-23)三角级数计算得到的信号，并与原信号进行了对比。下面为 MATLAB 程序代码：

```
clear
clc
%加载数据
load 例题波.txt
A=X___;
dt=0.5;
t=(0: dt: (length(A)-1)*dt)';
N=length(A);
num=length(A)/2;
k=(0: 1: num)';
m=(1: 1: N)';

% 根据式(3-22)计算系数 Ak 和 Bk，其中 k=1 时与文中 k=0 时的值一致
for i=1: 1: num+1
    Ak(i,1)=2/N*sum(A.*cos(2*pi*(i-1)*(m-1)/N));
    Bk(i,1)=2/N*sum(A.*sin(2*pi*(i-1)*(m-1)/N));
end
Xk=sqrt(Ak.^2+Bk.^2);%·幅值，表3-4
theta=atan(-Bk./Ak)/(0.5*pi)*90;相位角，表3-4

k=(1: 1: num-1)';
i=1;
% 根据式(3-23)对原信号用三角级数表示
for t=0: 0.5: 7.5
x(i,1)=Ak(1)/2+sum(Ak(2 : num).*cos(2*pi*k*t/(N*dt))+
Bk(2: num).*sin(2*pi*k*t/(N*dt)))+Ak(num+1)/2*cos(2*pi*(N/
2)*t/(N*dt));
    i=i+1;
end
```

```
t=(0: dt: (length(A)-1)*dt)';
% 绘制原信号与采用三角级数表示后信号的对比
figure
plot(t,A,'k',t,x,'r')
% 绘制原信号与采用三角级数表示后信号之差
figure
plot(t,A-x)
```

3.3　傅里叶谱

前面求出的有限傅里叶近似式为

$$x(t) = \frac{A_0}{2} + \sum_{k=1}^{N/2-1} \left[A_k \cos \frac{2\pi kt}{N\Delta t} + B_k \sin \frac{2\pi kt}{N\Delta t} \right] + \frac{A_{N/2}}{2} \cos \frac{2\pi(N/2)t}{N\Delta t}$$

如式(3-28)所示那样,第一项 $A_0/2$ 为全体采样值的平均,也可以说成是整个波形对零线的偏离,没有振动的偏移。

在这里暂且不管第一项,从这个式子看,原来的波形表现为正弦波与余弦波的集合。换句话说,可把原来的波形看成已被分解为正弦波和余弦波了。那么,究竟被分解成怎样的波形了呢?

在上式中,若令

$$f_k = \frac{k}{N\Delta t} \tag{3-35}$$

则可写成

$$\bar{x}(t) = \frac{A_0}{2} + \sum_{k=1}^{N/2-1} \left[A_k \cos 2\pi f_k t + B_k \sin 2\pi f_k t \right] + \frac{A_{N/2}}{2} \cos 2\pi f_{N/2} t \tag{3-36}$$

如上文图 2-1 所示,余弦波或正弦波是往复状态相同的十分规则的周期函数。而当写成 $\cos 2\pi f_k t$ 或 $\sin 2\pi f_k t$ 时就不难明白, f_k 表示 1 s 内的往复次数。图 2-1 中的规则波形,在 $t=0$ 时由 0 起始,在 1 s 内以同样的状态往复 4 次,所以图 2-1 中画的是 $f_k=4$,即 $\sin(2\pi \cdot 4t)$ 的正弦波。这样, f_k 是在 1 s 内,相同的振动状态的往复次数,所以称为频率。从式(3-35)可知,频率的单位是时间的倒数,即 s^{-1},或叫做周(cycle)、cps(cycles per second 的缩写)、赫兹等。频率也可叫做周波数。对 $\cos 2\pi f_k t$ 或 $\sin 2\pi f_k t$ 来说, f_k 的值大,表示振动快,为高频波; f_k 的值小,则表示振动慢,为低频波。因为 1 s 内的往复振动次数为 f_k,所以往复一次所需要的时间为

$$T_k = \frac{1}{f_k} \, \text{s} \tag{3-37}$$

前面已经讲过，这叫做波的周期。

因 $f_k = 4\text{s}^{-1}$，所以

$$T_k = \frac{1}{4\text{s}^{-1}} = 0.25 \, \text{s}$$

这个值也已在图 2-1 中标出。

现在观察修改后的式(3-36)，在由 $k=1$ 到 $k=N/2-1$ 的和式上，又增加了一项 $k=N/2$ 的 cos 项，因此可以理解为，已把原来的振动分解成 $N/2$ 个不同频率

$$f_1, f_2, \cdots, f_{N/2-1}, f_{N/2} \tag{3-38}$$

的波。这里称 f_1 为一次频率，f_2 为二次频率，一般项 f_k 为 k 次频率，并把 k 次频率的振动波称为原来波形的 k 次振动分量，或简称为 k 次分量。由式(3-35)显然可以看出

$$f_1 < f_2 < f_3 < \cdots < f_{N/2-1} < f_{N/2}$$

所以越是高次振动分量，频率就越高。对一次频率，即

$$f_1 = \frac{1}{N\Delta t} \tag{3-39}$$

特别称它为基本频率。

图 3-2(a)为原来例题波的图形，图 3-2(b)为它的 1 次分量，图 3-2(c)为 2 次分量，而图 3-2(d)为 8 次分量。由式(3-37)和(3-39)，得 1 次分量的周期为

$$T_1 = N\Delta t$$

因为 $N\Delta t$ 为原来波的持续时间，从图 3-2(b)可知，1 次分量是以记录的全长为周期的波。

此外，从式(3-35)可知，最高的频率 f 为

$$f_{N/2} = \frac{N/2}{N\Delta t} = \frac{1}{2\Delta t} \tag{3-40}$$

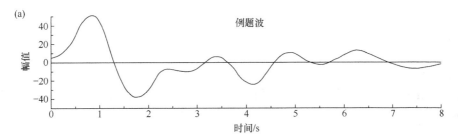

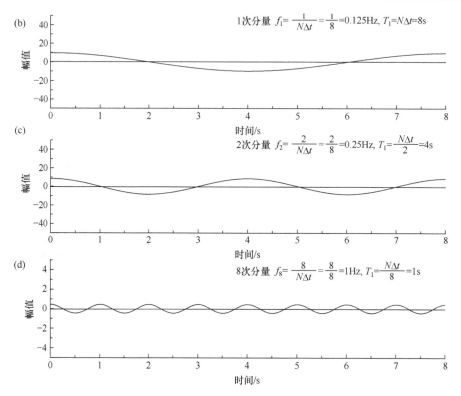

图 3-2　例题波的振动分量

对于例题波的最高分量，它的频率为 $f_{N/2}$，它的周期为

$$T_{N/2} = 2\Delta t$$

相当于 2 倍采样点的间隔时间，但从式(3-36)看，式中未包含频率高于 $f_{N/2}$ 的分量。由于点的个数 N 是一个有限的数，将函数 $x(t)$ 利用式(3-36)或式(3-5)的有限三角级数来近似表示，都必然要有这个结果。

　　这样说来，如果采样点数照旧不变，只增加三角级数的项数，按式(3-8)求系数 A_k 与 B_k 时，未知数比方程的数目还要多，则得不到确定的解。因此，当波内含有非常高的频率成分时，要了解它的性质，采样点须相应地取得更密些，除此之外，别无他法。

　　总而言之，采样点数总是有限的，$f_{N/2}$ 是能够检出的频率分量的界限，表示一种分辨能力。这样的频率 $f_{N/2}$，称为奈奎斯特(Nyquist)频率。通常，对于模拟记录，在数字化时读数间隔大多都取 $\Delta t = 0.01\,\mathrm{s}$，因此，根据式(3-40)，奈奎斯特频率为

$$f_{N/2} = \frac{1}{2 \times 0.01\mathrm{s}} = 50\mathrm{Hz}$$

如果以这样的记录为基础，来讨论对自振频率高于 50Hz 的构件或机器一类的影响，是毫无意义的。

总而言之，依靠有限傅里叶近似，对于超过一定限度的细微部分是无法表示的。对于前面的式(3-24)，尽管这个函数也全部正确地通过采样点，但仍然称它为近似式。把它写成 $\tilde{x}(t)$，而不是写成 $x(t)$，其原因就在这里。更为困难的是，如果波形中含有比奈奎斯特频率更高的频率分量，不仅不能简单地检出，而且还会给有限傅里叶系数引进误差。对此，在这里不拟细致讲解。在傅里叶分析中，由于这一类高频分量引起的误差现象，叫做混淆。

在式(3-36)的有限傅里叶近似中，已经得到了关于频率的大致概念，那么系数 A_k 与 B_k，有什么几何意义呢？下面我们就来考虑这个问题。

带有不同系数的余弦与正弦的和式，就是振幅不同的余弦波与正弦波相加

$$a\cos\alpha + b\sin\alpha \tag{3-41}$$

将它改写为

$$\sqrt{a^2+b^2}\left(\cos\alpha\frac{a}{\sqrt{a^2+b^2}}+\sin\alpha\frac{b}{\sqrt{a^2+b^2}}\right)$$

如令

$$\left.\begin{array}{l}\dfrac{a}{\sqrt{a^2+b^2}}=\cos\phi \\[3mm] \dfrac{b}{\sqrt{a^2+b^2}}=-\sin\phi\end{array}\right\} \tag{3-42}$$

便可写成

$$\sqrt{a^2+b^2}\,(\cos\alpha\cdot\cos\phi-\sin\alpha\sin\phi)$$

根据前面的式(3-9)和(3-11)，则得

$$\cos\alpha\cdot\cos\phi-\sin\alpha\cdot\sin\phi=\cos(\alpha+\phi)$$

于是式(3-41)便为

$$a\cos\alpha+b\sin\alpha=\sqrt{a^2+b^2}\cos(\alpha+\phi)$$

由式(3-42)可知这里的 ϕ 为

$$\tan\phi=-\frac{b}{a}$$

即

$$\phi = \arctan\left(-\frac{b}{a}\right)$$

仍按同样的办法，令

$$X_k = \sqrt{A_k^2 + B_k^2} \tag{3-43}$$

$$\phi_k = \arctan\left(-\frac{B_k}{A_k}\right) \tag{3-44}$$

则得

$$\overline{x}(t) = \frac{X_0}{2} + \sum_{k=1}^{N/2-1} X_k \cos\left(2\pi f_k t + \phi_k\right) + \frac{X_{N/2}}{2} \cos 2\pi f_{N/2} t \tag{3-45}$$

反过来，由式(3-42)得

$$\left. \begin{aligned} A_k &= X_k \cos\phi_k \\ B_k &= X_k \sin\phi_k \end{aligned} \right\} \tag{3-46}$$

　　从式(3-45)的形式可以直接看出，X_k 代表 k 次分量的振动大小，即振幅。这就是说，一方面，将有限傅里叶系数 A_k 与 B_k，按照式(3-43)进行几何组合，就可决定各振动分量的振幅。另一方面，式(3-44)中的 B_k 与 A_k 比的反正切为 ϕ_k，称为第 k 次分量的相位角。因为与例题波对应的有限傅里叶系数 A_k、B_k 已经在表中求得，因此可以简单地利用式(3-43)和(3-44)求出振幅和相位角。现在把各频率分量的次数 k(有时也称为振型)、频率 f_k、有限傅里叶系数 A_k 与 B_k、振幅 X_k 及相位角 ϕ_k 的数值汇总列在表 3-4 中，表中最右侧一列为功率，留待下文应用。图 3-2(a)、(b)、(c)、(d)中的原始波、1 次分量、2 次分量及 8 次分量的振幅是照表 3-4 所列的振幅按比例画出的，请予以注意。

表 3-4　例题波分量的振幅和相位角

k	频率	A_k	B_k	振幅 X_k	相位角 ϕ_k	功率
0	0.000	0.000	0.000	0.000	0	0.000
1	0.125	7.759	−4.143	8.796	28.1	38.685
2	0.250	5.489	8.380	10.018	−56.8	50.178
3	0.375	4.958	11.952	12.940	−67.5	83.721
4	0.500	−6.750	8.750	11.051	52.4	61.062
5	0.625	−4.188	−3.856	5.693	−42.6	16.204
6	0.750	−7.239	−2.370	7.617	−18.1	29.009
7	0.875	3.971	−4.951	6.347	51.3	20.141
8	1.000	2.000	0.000	2.000	0.0	1.000

　　下面，再来考虑相位角 ϕ_k。在式(3-45)中，由于各分量的振幅 X_k、频率 f_k 及相位角 ϕ_k 已经列在表 3-4 中，便可画出各振动分量

$$X_k \cos\left(2\pi f_k t + \phi_k\right) \tag{3-47}$$

的波形，见图 3-3。将它和前面的图 3-2 相比较，可以看出，图(b)和(c)，即 1 次振型与 2 次振型的波沿水平方向有一个偏移。在图 3-2 中，作为单个振动的分量，目的在于说明它的振幅。为方便起见，各分量都是从原点处开始画出的。也就是说，是按式(3-47)并取 $\phi_k=0$ 时的 cos 曲线画出来的。因此图 3-3(b)、(c)中的实际振动分量与图 3-2 相比，产生了一个相当于相位角的偏移。

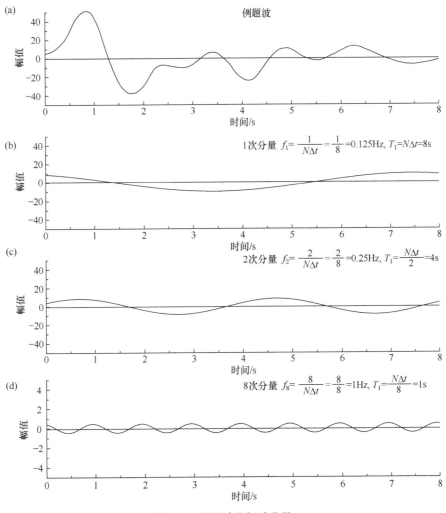

图 3-3　例题波的振动分量

为了检验，可用比例尺对图 3-2(b)与图 3-3(b)的偏移进行测定，在图 3-3(b)中峰值出现提前一段时间，相当于一个周期长度的 0.078 倍左右。一个周期相当于 360°，因此实际的振动分量波提前了 360°×0.078≈28.1°。

这个提前角度 28.1°，与表 3-4 中 $k=1$ 时的相位角中的数值，即按式(3-44)计算得到的 $\phi_{k=1}$ 的值是一致的。同样，将图 3-2 与图 3-3 中的(c)进行比较，在图 3-3 中，峰值出现晚了一段时间，即波延迟了，它落后的角度为 56.8°。由式(3-44)得到的计算值，即表 3-4 中所列的数值为−56.8°。这样，相位角的符号在提前时为正，落后时为负。在图中，$k=3$ 以上的振型虽未画出，但也是类似的。而图 3-2 与图 3-3 中的(d)，即对于最高的振动分量来说，两者之间不存在偏移，这一点可以从表 3-4 中看出，因为那里的 $\phi_{N/2}=0$。

上面已经说明，能够将给定的地震动分解成它的成分波，而成分波或分量的数目，从频率 $f_0=0$ 开始到 $f_{N/2}=1/2\Delta t$ 为止，共$(N/2+1)$个。根据式(3-35)，第 k 次频率和它后面的第 $k+1$ 次频率的差为

$$\Delta f = f_{k+1} - f_k = \frac{1}{N\Delta t} \tag{3-48}$$

所以各振动分量的频率是以 $1/(N\Delta t)$ (周)为间隔的离散值。

在分解波的分量时，哪些分量的振幅大，哪些分量的振幅小，对地震动的性质有十分重要的影响。例如，频率 2.5 Hz 即周期 0.4 s 的振动分量，若振幅很大，那么可以推测，这种地震动对自振周期在 0.4 s 左右的建筑物——五六层的钢筋混凝土结构，会产生严重的影响。

现在，我们用直方图来描述地震动各分量的频率与振幅的关系。例如，图 3-4(a)就是按照表 3-4 结果画出的例题波的振幅-频率关系。显然，它是一种谱，一种特别重要的谱。

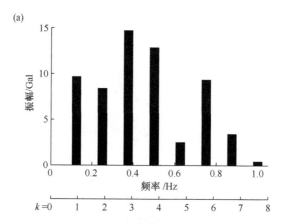

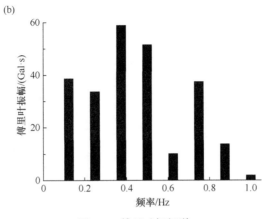

图 3-4 傅里叶振幅谱

　　但是，对于由有限傅里叶系数 A_k、B_k 求得的振幅 X_k，通常并不直接用这个量来描述，而是用它乘上 1/2 倍地震动持续时间，即乘以 $T/2$ 或 $N\Delta t/2$ 后的结果来表示。对于例题波，因为 $N\Delta t=8$ s，对图 3-4(a)的纵轴，乘上 $N\Delta t/2$ 后，就得到图 3-4(b)的结果，这个图称为傅里叶振幅谱，或简称为傅里叶谱。由于傅里叶振幅谱已乘上 $T/2$，所以对地震动加速度记录来说，傅里叶谱的纵坐标单位是 Gal·s。如果是对速度记录求得的傅里叶谱，它的单位为 kine·s。总之，要对原来时间过程的振幅单位再乘上一个时间的量纲。为什么要乘以 $T/2$ 呢？这个问题要留到相当后面再说明，目前不要去深究它，可以把傅里叶谱理解为不过是各振动分量振幅的比。在本书中，所谓傅里叶振幅并不是 X_k，而是 X_k 与 $T/2$ 相乘的结果。

　　还有一点须注意，应该说，把傅里叶谱表示成如图 3-4 中直方图那样才是正确的。由于数据的个数终究是有限的，与各振型相对应的各离散频率之间，存在什么样的信息是不知道的。因此，把各矩形的顶点用折线连接起来，并没有什么实际意义。傅里叶谱，如在序言中以光谱为例所谈的，是线谱。但是傅里叶谱通常用连续的折线表示，本书以后也采用那样的作图法，在这里暂且这样作图，只不过是为了说明一下作图的格式而已。

　　在图 3-5 中，将例题波的各分量的相位角 ϕ_k 按频率 f_k 画出。与图 3-3 中的傅里叶振幅谱相对应，把它叫做傅里叶相位谱。不管从哪方面说，相位角在抗震上的重要性要比振幅小，在分析上虽方便，但有时处理起来相当累赘，所以比较少见。

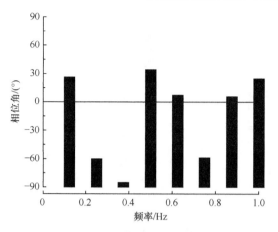

图 3-5　傅里叶相位谱

3.4　帕什瓦定理

设函数的 N 个采样值为 $x_m(m = 0, 1, 2, \cdots, N-1)$，则标本值的均方值为

$$\frac{1}{N}\sum_{m=0}^{N-1} x_m^2 \tag{3-49}$$

将式中的 x_m 用有限傅里叶级数表示，即用前面的式(3-23)

$$x_m = \frac{A_0}{2} + \sum_{k=1}^{N/2-1}\left[A_k\cos\frac{2\pi km}{N} + B_k\sin\frac{2\pi km}{N}\right] + \frac{A_{N/2}}{2}\cos\frac{2\pi(N/2)m}{N}$$

代入到式(3-49)中。为方便起见，这个式子的右边用{　}来表示，即

$$x_m = \{\quad\}$$

于是得

$$x_m^2 = \{\quad\}\cdot\{\quad\}$$

如果想按部就班地将两个括号展开后相乘，则是相当烦琐。请读者盯住这个公式，再应用前面的选点正交性，即式(3-17)

$$\sum_{m=0}^{N-1}\cos\frac{2\pi lm}{N}\cos\frac{2\pi km}{N} = \begin{cases} N/2, & k = l \\ 0, & k \neq l \end{cases}$$

$$\sum_{m=0}^{N-1}\sin\frac{2\pi lm}{N}\sin\frac{2\pi km}{N} = \begin{cases} N/2, & k = l \\ 0, & k \neq l \end{cases}$$

$$\sum_{m=0}^{N-1}\sin\frac{2\pi lm}{N}\cos\frac{2\pi km}{N} = 0$$

把上式中等于 0 的项逐个地消去，剩下的项经过归纳后变成

$$\sum_{m=0}^{N-1} x_m^2 = N\left(\frac{A_0}{2}\right)^2 + \frac{N}{2}\sum_{k=1}^{N/2-1}\left(A_k^2 + B_k^2\right) + N\left(\frac{A_{N/2}}{2}\right)^2$$

再用式(3-43)定义的振动分量振幅 X_k，得

$$\frac{1}{N}\sum_{m=0}^{N-1} x_m^2 = \frac{1}{2}\left(\frac{X_0^2}{2} + \sum_{k=1}^{N/2-1} X_k^2 + \frac{X_{N/2}^2}{2}\right) \tag{3-50}$$

这个关系式叫做离散采样值的帕什瓦定理。

若在 1 Ω 电阻的两端加上电压 $x(t)$，则

$$\frac{1}{T}\int_0^T x^2(t)\mathrm{d}t$$

便等于每单位时间内电源供给电阻的电能。由此类推，式(3-49)表示的 x_m 的均方值可称为平均功率，式(3-50)把平均功率分解为各频率分量所占有的成分，就是说，它表示在全体平均功率中每个频率分量所占的部分各有多少。

拿例题波来说，它的平均功率已经表示在式(1-2)中

$$\frac{1}{N}\sum_{m=0}^{N-1} x_m^2 = 300$$

各振型分量所占有的功率，即式(3-50)右边各项的计算结果，分别表示在表 3-4 的功率一列中，这一列数值的总和等于 300，从而证明式(3-50)是成立的。

式(3-50)的形式稍作修改后，变为

$$\frac{1}{N}\sum_{m=0}^{N-1} x_m^2 - \left(\frac{X_0}{2}\right)^2 = \frac{1}{2}\left(\sum_{k=1}^{N/2-1} X_k^2 + \frac{X_{N/2}^2}{2}\right) \tag{3-51}$$

在这里，由式(3-43)

$$X_0 = \sqrt{A_0^2 + B_0^2}$$

而且 0 次的有限傅里叶 sin 系数 $B = 0$，所以 $X_0 = A_0$。因而按照式(3-25)，$X_0/2$ 就等于全体采样值的平均值，即

$$\frac{X_0}{2} = \bar{x}$$

于是式(3-51)就变为

$$\frac{1}{N}\sum_{m=0}^{N-1} x_m^2 - \bar{x}^2 = \frac{1}{2}\left(\sum_{k=1}^{N/2-1} x_k^2 + \frac{X_{N/2}^2}{2}\right) \tag{3-52}$$

在前面的概率密度谱部分已经讲过，这个式子的左边，就是式(2-4)中的标准

差 σ 的平方。因此，式(3-52)变为

$$\sigma^2 = \frac{1}{2}\left(\sum_{k=1}^{N/2-1} X_k^2 + \frac{X_{N/2}^2}{2}\right) \tag{3-53}$$

标准差的平方也叫做离散，这样就把反映采样值的离散程度的概念，即标准差或离散与傅里叶振幅联系起来了。帕什瓦定理是以后讲解功率谱的基础，但在讨论实际地震动的傅里叶谱与功率谱之前，还需要学一些有关的理论。

3.5　有限傅里叶级数

现在开始讲复数。复数也并不特别高深，不过是因为使用复数能使表达式变得简洁，并且有许多方便之处。特别是在以后的程序中，用计算机进行复数运算更能发挥巨大的威力。

i 代表 $\sqrt{-1}$，叫做虚数单位，若 α，β 为一般实数，则称

$$c = \alpha + i\beta$$

为复数，α 为复数的实部，β 为复数的虚部。实部与虚部也可写成如下符号(符号有点不一样)

$$\left.\begin{array}{c}\alpha = \mathcal{R}(c)\\ \beta = \mathcal{A}(c)\end{array}\right\}$$

实部与虚部的均方根 $\sqrt{\alpha^2+\beta^2}$ 称为复数的绝对值，可写成

$$|c| = \sqrt{\alpha^2+\beta^2}$$

$\alpha+i\beta$ 与 $\alpha-i\beta$ 是一对共轭复数，或者叫做互为共轭。在本书中，把 $c=\alpha+i\beta$ 的共轭复数写成

$$c^* = \alpha - i\beta$$

两个互为共轭的复数的乘积为实数，并且等于其绝对值的平方，即

$$c \cdot c^* = \alpha^2 + \beta^2 = |c|^2$$

三角函数与虚指数函数的关系可用欧拉公式

$$e^{\pm i\theta} = \cos\theta \pm i\sin\theta \tag{3-54}$$

表示，或者反过来为

$$\left.\begin{array}{l} \cos\theta = \dfrac{1}{2}\left(e^{i\theta} + e^{-i\theta}\right) \\[2mm] \sin\theta = -\dfrac{1}{2}i\left(e^{i\theta} - e^{-i\theta}\right) \end{array}\right\} \tag{3-55}$$

当 m 为整数时，由式(3-54)可得

$$e^{i(2\pi m)} = \cos(2\pi m) + i\sin(2\pi m) = 1 \tag{3-56}$$

这样，如前所述，在等间隔的采样点上，若 N(偶数)个采样值 x_m($m = 0, 1, 2, \cdots,$ $N-1$)已经给定，则其傅里叶变换为

$$\left.\begin{array}{l} A_k = \dfrac{2}{N}\displaystyle\sum_{m=0}^{N-1} x_m \cos\dfrac{2\pi km}{N}, \quad k = 0, 1, 2, \cdots, \dfrac{N}{2}-1, \dfrac{N}{2} \\[4mm] B_k = \dfrac{2}{N}\displaystyle\sum_{m=0}^{N-1} x_m \sin\dfrac{2\pi km}{N}, \quad k = 1, 2, \cdots, \dfrac{N}{2}-1 \end{array}\right\} \tag{3-22}$$

傅里叶逆变换为

$$x_m = \dfrac{A_0}{2} + \sum_{k=1}^{N/2-1}\left[A_k \cos\dfrac{2\pi km}{N} + B_k \sin\dfrac{2\pi km}{N} \right] + \dfrac{A_{N/2}}{2}\cos\dfrac{2\pi(N/2)m}{N}, \tag{3-23}$$

$$m = 0, 1, 2, \cdots, N-1$$

若按式(3-55)

$$\cos\dfrac{2\pi km}{N} = \dfrac{1}{2}[e^{i(2\pi km/N)} + e^{-i(2\pi km/N)}]$$

$$\sin\dfrac{2\pi km}{N} = -\dfrac{1}{2}i[e^{i(2\pi km/N)} - e^{-i(2\pi km/N)}]$$

则

$$A_k \cos\dfrac{2\pi km}{N} + B_k \sin\dfrac{2\pi km}{N} = \dfrac{1}{2}\left(A_k - iB_k\right)e^{i(2\pi km/N)} + \dfrac{1}{2}\left(A_k + iB_k\right)e^{-i(2\pi km/N)}$$

将此式代入式(3-23)，则得

$$x_m = \dfrac{A_0}{2} + \dfrac{1}{2}\sum_{k=1}^{N/2-1}\left(A_k - iB_k\right)e^{i(2\pi km/N)} + \dfrac{A_{N/2}}{2}\cos\dfrac{2\pi(N/2)m}{N} + \dfrac{1}{2}\sum_{k=1}^{N/2-1}\left(A_k + iB_k\right)e^{-i(2\pi km/N)}$$

上式右边第三项的 $\cos[2\pi(N/2)m/N]$ 为

$$\cos\dfrac{2\pi(N/2)m}{N} = \dfrac{1}{2}\left[e^{i\left(2\pi\frac{N}{2}m/N\right)} + e^{-i\left(2\pi\frac{N}{2}m/N\right)} \right]$$

又已知 $B_0 = B_{N/2} = 0$，若再采用如下写法

$$A_0 \rightarrow A_0 - iB_0$$

$$A_{N/2} \rightarrow A_{N/2} - iB_{N/2} \quad \text{或} \quad A_{N/2} + iB_{N/2}$$

就能写出

$$x_m = \frac{1}{2} \sum_{k=0}^{N/2-1} \left(A_k - iB_k \right) e^{i(2\pi km/N)} + \frac{1}{4} \left(A_{N/2} - iB_{N/2} \right) \cdot e^{i\left(2\pi \frac{N}{2} m/N \right)}$$
$$+ \frac{1}{2} \sum_{k=1}^{N/2-1} \left(A_k + iB_k \right) e^{-i(2\pi km/N)} + \frac{1}{4} \left(A_{N/2} + iB_{N/2} \right) \cdot e^{-i\left(2\pi \frac{N}{2} m/N \right)} \tag{3-57}$$

但由式(3-22)可得

$$A_k - iB_k = \frac{2}{N} \sum_{m=0}^{N-1} x_m \left(\cos \frac{2\pi km}{N} - i \sin \frac{2\pi km}{N} \right) \tag{3-58}$$

$$A_k + iB_k = \frac{2}{N} \sum_{m=0}^{N-1} x_m \left(\cos \frac{2\pi km}{N} + i \sin \frac{2\pi km}{N} \right) \tag{3-59}$$

现在把式(3-58)中的 k 用 $N-k$ 来替换

$$A_{N-k} - iB_{N-k} = \frac{2}{N} \sum_{m=0}^{N-1} x_m \left[\cos \frac{2\pi(N-k)m}{N} - i \sin \frac{2\pi(N-k)m}{N} \right]$$
$$= \frac{2}{N} \sum_{m=0}^{N-1} x_m \left[\cos \left(2\pi m - \frac{2\pi km}{N} \right) - i \sin \left(2\pi m - \frac{2\pi km}{N} \right) \right]$$
$$= \frac{2}{N} \sum_{m=0}^{N-1} x_m \left(\cos \frac{2\pi km}{N} + i \sin \frac{2\pi km}{N} \right)$$

若将此式与式(3-59)比较，可知

$$A_k + iB_k = A_{N-k} - iB_{N-k} \tag{3-60}$$

又因

$$e^{-i[2\pi(N-k)m/N]} = e^{i(2\pi m - 2\pi km/N)} = e^{i(2\pi m)} e^{-i(2\pi km/N)}$$

由式(3-56) $e^{i(2\pi m)} = 1$，因而

$$e^{-i(2\pi km/N)} = e^{i[2\pi(N-k)m/N]} \tag{3-61}$$

不用说，当 $k = N/2$ 时，式(3-60)与式(3-61)仍然成立。若参照式(3-60)与式(3-61)，式(3-57)中的第三项与第四项可写成

$$\frac{1}{2} \sum_{k=1}^{N/2-1} \left(A_k + iB_k \right) \cdot e^{-i(2\pi km/N)} + \frac{1}{4} \left(A_{N/2} + iB_{N/2} \right) \cdot e^{-i\left(2\pi \frac{N}{2} m/N \right)}$$
$$= \frac{1}{2} \sum_{k=1}^{N/2-1} \left(A_{N-k} - iB_{N-k} \right) \cdot e^{i[2\pi(N-k)m/N]} + \frac{1}{4} \left(A_{N/2} - iB_{N/2} \right) e^{i\left(2\pi \frac{N}{2} m/N \right)}$$

现在，我们将等式右边的 N–k 替换成 k，就有

$$\frac{1}{2}\sum_{k=1}^{N/2-1}\left(A_k+\mathrm{i}B_k\right)\mathrm{e}^{-\mathrm{i}(2\pi km/N)}+\frac{1}{4}\left(A_{N/2}+\mathrm{i}B_{N/2}\right)\cdot\mathrm{e}^{-\mathrm{i}\left(2\pi\frac{N}{2}m/N\right)}$$

$$=\frac{1}{2}\sum_{k=N-1}^{N/2-1}\left(A_k-\mathrm{i}B_k\right)\mathrm{e}^{\mathrm{i}(2\pi km/N)}\frac{1}{4}\left(A_{N/2}-\mathrm{i}B_{N/2}\right)\mathrm{e}^{\mathrm{i}\left(2\pi\frac{N}{2}m/N\right)}$$

在此式右边的 $\sum$ 中，k 是从 N–1 起到 $N/2+1$ 止，即从大的序号到小的序号，即角标是按逆序排列的，把它倒过来也毫无影响。因此可写出

$$\frac{1}{2}\sum_{k=1}^{N/2-1}\left(A_k+\mathrm{i}B_k\right)\mathrm{e}^{-\mathrm{i}(2\pi km/N)}+\frac{1}{4}\left(A_{N/2}+\mathrm{i}B_{N/2}\right)\cdot\mathrm{e}^{-\mathrm{i}\left(2\pi\cdot\frac{N}{2}m/N\right)}$$

$$=\frac{1}{4}\left(A_{N/2}-\mathrm{i}B_{N/2}\right)\mathrm{e}^{\mathrm{i}\left(2\pi\frac{N}{2}m/N\right)}+\frac{1}{2}\sum_{k=N/2+1}^{N-1}\left(A_k-\mathrm{i}B_k\right)\mathrm{e}^{\mathrm{i}(2\pi km/N)}$$

结果，可把式(3-57)归纳成

$$x_m=\frac{1}{2}\sum_{k=0}^{N/2-1}\left(A_k-\mathrm{i}B_k\right)\mathrm{e}^{\mathrm{i}(2\pi km/N)}+\frac{1}{2}\left(A_{N/2}-\mathrm{i}B_{N/2}\right)\mathrm{e}^{\mathrm{i}\left(2\pi\frac{N}{2}m/N\right)}$$

$$+\frac{1}{2}\sum_{k=N/2+1}^{N-1}\left(A_k-\mathrm{i}B_k\right)\mathrm{e}^{\mathrm{i}(2\pi km/N)}=\frac{1}{2}\sum_{k=0}^{N-1}\left(A_k-\mathrm{i}B_k\right)\mathrm{e}^{\mathrm{i}(2\pi km/N)} \tag{3-62}$$

现在，如把被称为傅里叶系数或复振幅的复数 C_k 定义为

$$C_k=\frac{A_k-\mathrm{i}B_k}{2},\quad k=0,1,2,\cdots,N-1 \tag{3-63}$$

则式(3-62)便写为

$$x_m=\sum_{k=0}^{N-1}C_k\mathrm{e}^{\mathrm{i}(2\pi km/N)},\quad m=0,1,2,\cdots,N-1 \tag{3-64}$$

并称它为有限傅里叶级数。

由式(3-63)定义的傅里叶系数，按照式(3-58)便得

$$C_k=\frac{1}{N}\sum_{m=0}^{N-1}x_m\left(\cos\frac{2\pi km}{N}-\mathrm{i}\sin\frac{2\pi km}{N}\right)$$

若按照式(3-54)可得

$$C_k=\frac{1}{N}\sum_{m=0}^{N-1}x_m\mathrm{e}^{-\mathrm{i}(2\pi km/N)},\quad k=0,1,2,\cdots,N-1 \tag{3-65}$$

式(3-65)就是用复数表示的离散采样值 x_m 的傅里叶变换，式(3-64)为傅里叶逆变换。根据式(3-63)的定义，在有限傅里叶 cos 系数、sin 系数与有限傅里叶系数之

间，显然具有下列函数关系

$$A_k = 2\mathcal{R}(C_k) \atop B_k = -2\mathcal{A}(C_k)\Bigg\}, \quad k = 0,1,2,\cdots,\frac{N}{2} \tag{3-66}$$

但是，这里要注意到两者是稍有差异的。这里指的是，傅里叶分析要受分辨率的限制，振动分量的最高频率只能是 $f_{N/2}$。那么，如前所述，对于 k 大于 $N/2$ 的高次分量，就一无所知了。而从式(3-65)看，有限傅里叶系数 C_k 的个数大大地超过 $N/2$ 次，可以一直求到 $k = N-1$ 次。对于次数超过 $N-2$ 的 k，究竟是怎样一种状况呢？还有系数 A_k、B_k 如式(3-7)所示，共有 N 个，而有限傅里叶近似式则决定于由 N 个采样点构成的式(3-8)。与此对比，C_k 的个数($k=0, 1, 2, \cdots, N-1$)，虽然也为 N 个，但因为是复数，就有实部与虚部，分别计数共有 $2N$ 个。为什么 N 个采样值却能确定 $2N$ 个值呢？

这些问题的答案，实际上与式(3-60)有关系，最简单的办法是把例题波的全部 C_k 值计算出来，计算结果列于表 3-5。从表 3-5 可以看出，首先在 C_k 的实部一列中，以 $k=N/2$ 行为准，上下位置对称的数据是完全相同的。虚数部分也如此，只不过正负号彼此相反。这就是说，以 $N/2$ 处为准，前后相同位置的 C_k 构成了互为共轭的复数。换一种方式讲就是，第 k 个 C_k 与第 $N-k$ 个 C_k 是互为共轭的，即

$$C_{N-k} = C_k^*, \quad k = 1,2,\cdots,\frac{N}{2}-1 \tag{3-67}$$

在理论上这一点已由式(3-60)给出了证明。

表 3-5　例题波的有限傅里叶系数

k	实部	虚部	绝对值
0	0.000	0.000	0.000
1	3.880	2.071	4.398
2	2.744	−4.190	5.009
3	2.479	−5.976	6.470
4	−3.375	−4.375	5.526
5	−2.094	1.928	2.846
6	−3.619	1.185	3.808
7	1.985	2.476	3.173
8	1.000	0.000	1.000
8	1.985	−2.476	3.173
10	−3.619	−1.185	3.808
11	−2.094	−1.928	2.846
12	−3.375	4.375	5.526

续表

k	实部	虚部	绝对值
13	2.479	5.976	6.470
14	2.744	4.190	5.009
15	3.880	−2.071	4.398

在处理地震动时遇到的振幅采样值通常都是实数。时间过程也没有用虚数或复数表示的。因此通常不必把它放在心上，严格说来，式(3-67)中的共轭关系也是在当初给出实数值的情况下才建立的。反过来讲，按式(3-64)进行傅里叶逆变换时，式(3-67)中的关系是使 x_m 能成为实数的必要与充分条件，这一点甚为重要。

C_{N-k} 与 C_k 互为共轭，从表 3-5 也可看出，它们的绝对值是相等的。将表 3-5 中的绝对值针对次数 k 作图，得图 3-6。这个图形若以 k 的正中值为轴，左右两部分是对称的，如以这一点为中心，折叠起来，左右两部分正好重合。为此，称 $k=N/2$ 的点为折叠点，与 $k=N/2$ 对应的频率

$$f_{N/2} = \frac{1}{2\Delta t}$$

称为折叠频率。折叠频率和前面讲过的奈奎斯特频率是相等的。

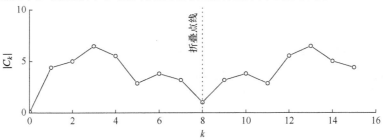

图 3-6　例题波的有限傅里叶系数与折叠点

这样，有限傅里叶系数包括实部和虚部，共有 $2N$ 个。根据式(3-67)的共轭关系，实质上仍是 N 个，所以可由 N 个采样值去确定，不存在什么矛盾。就是说，对于次数 $k > N/2$ 的情况，实际上并不是未知的，只不过仅仅是已知情况的翻版。另外，把表 3-5 与前面的表 3-1 进行比较，可以表明，在有限傅里叶系数 C_k 与有限傅里叶系数 A_k 和 B_k 之间，确实存在式(3-66)的关系。

由式(3-50)表示的帕什瓦定理为

$$\frac{1}{N}\sum_{m=0}^{N-1} x_m^2 = \frac{1}{2}\left(\frac{X_0^2}{2} + \sum_{k=1}^{N/2-1} X_k^2 + \frac{X_{N/2}^2}{2} \right)$$

由式(3-43)和(3-66)，有

$$\frac{X_0^2}{2} = \frac{A_0^2 + B_0^2}{2} = 2|C_0|^2$$

$$\sum_{k=1}^{N/2-1} X_k^2 = \sum_{k=1}^{N/2-1} \left(A_k^2 + B_k^2 \right) = 4 \sum_{k=1}^{N/2-1} |C_k|^2$$

$$\frac{X_{N/2}^2}{2} = \frac{A_{N/2}^2 + B_{N/2}^2}{2} = 2|C_{N/2}|^2$$

而且由式(3-67)，有

$$4 \sum_{k=1}^{N/2-1} |C_k|^2 = 2 \sum_{k=1}^{N/2-1} |C_k|^2 + 2 \sum_{k=1}^{N/2-1} |C_{N-k}|^2 = 2 \sum_{k=1}^{N/2-1} |C_k|^2 + 2 \sum_{k=N/2+1}^{N-1} |C_k|^2$$

因此，最后可把结果写成

$$\frac{1}{N} \sum_{m=0}^{N-1} x_m^2 = \sum_{k=0}^{N-1} |C_k|^2 \tag{3-68}$$

3.6 快速傅里叶变换

求波形的有限傅里叶系数，按照式(3-22)作傅里叶变换是最简单明了的，但是这个方法的缺点是计算费时间，而且随着采样值个数 N 的增大，计算时间将以 N^2 的比例增加。

为了改造这个缺点，库利(J. W. Gooley)与图基(J. W. Tukey)研究出一种非常快速的傅里叶分析方法，可以说是对傅里叶分析进行了一次革命。在这一节，我们就来讲解这种称为库利－图基法或快速傅里叶变换(Fast Fourier Transform，FFT)的计算方法。

计算目的是对等间隔采样点上的 N 个采样值 x_m ($m = 0, 1, 2, \cdots, N-1$)，求其有限傅里叶系数 C_k ($k = 0, 1, 2, \cdots, N-1$)。这里，把采样值的个数 N 取成 2 的乘幂，比如取

$$2^3 = 8, \quad 2^4 = 16, \quad 2^5 = 32, \quad \cdots, \quad 2^{10} = 1024, \quad \cdots, \quad 2^{14} = 16384, \quad \cdots$$

时，最为方便。因为在 N 取这样数值的情况下，快速傅里叶变换能发挥最大效能。因此，不管在什么情况下，一般都把 N 取为 2 的乘幂。对于实际地震动的采样个数不是 2 的乘幂时，应该怎样处理，留待以后再讲。

首先，我们把 N 个采样值的数列 x_m 分为两个数列

$$\left. \begin{array}{l} y_m = x_{2m} \\ z_m = x_{2m+1} \end{array} \right\}, \quad m = 0, 1, 2, \cdots, \frac{N}{2} - 1 \tag{3-69}$$

即把具有偶数序号的 x_m 排在第一列，奇数序号的 x_m 排在第二列，并且分别称为

数列 y_m 与数列 z_m。数列 y_m 与 z_m 的个数都为 $N/2$ 个，按照式(3-65)，傅里叶变换分别为

$$\left.\begin{array}{l} Y_k^{((N/2))} = \dfrac{2}{N}\displaystyle\sum_{m=0}^{N/2-1} y_m \mathrm{e}^{-\mathrm{i}[2\pi km/(N/2)]} \\[4mm] Z_k^{((N/2))} = \dfrac{2}{N}\displaystyle\sum_{m=0}^{N/2-1} z_m \mathrm{e}^{-\mathrm{i}[2\pi km/(N/2)]} \end{array}\right\}, \quad k=0,1,2,\cdots,\dfrac{N}{2}-1 \qquad (3\text{-}70)$$

式中，傅里叶变换 Y_k 和 Z_k 右上角(())内的数字代表数列元素的个数，因而表示这个数列在傅里叶变换时所得到的傅里叶系数的个数。可是若按式(3-65)，则有

$$C_k^{((N))} = \frac{1}{N}\sum_{m=0}^{N-1} x_m \mathrm{e}^{-\mathrm{i}(2\pi km/N)}$$

由于 x_m 已如式(3-69)那样被分开，所以可以将这个式子的右边看作是将每个数列分别计算，然后再相加在一起的，即

$$C_k^{((N))} = \frac{1}{N}\sum_{m=0}^{N/2-1}\left\{ y_m \mathrm{e}^{-\mathrm{i}[2\pi k(2m)/N]} + z_m \mathrm{e}^{-\mathrm{i}[2\pi k(2m+1)/N]} \right\}$$

如将此式变成

$$C_k^{((N))} = \frac{1}{N}\sum_{m=0}^{N/2-1} y_m \mathrm{e}^{-\mathrm{i}[2\pi km/(N/2)]} + \mathrm{e}^{-\mathrm{i}[\pi k/(N/2)]}\frac{1}{N}\sum_{m=0}^{N/2-1} z_m \mathrm{e}^{-\mathrm{i}[2\pi km/(N/2)]}$$

参照式(3-70)，可得

$$C_k^{((N))} = \frac{1}{2}Y_k^{((N/2))} + \frac{1}{2}\mathrm{e}^{-\mathrm{i}[\pi k/(N/2)]}Z_k^{((N/2))}, \quad k=0,1,2,\cdots,\frac{N}{2}-1 \qquad (3\text{-}71)$$

并且在式(3-70)中，用 $k+N/2$ 代替 k，再回忆一下式(3-56)，即 $\mathrm{e}^{-\mathrm{i}(2\pi m)}=1$，则得

$$\begin{aligned} Y_{k+N/2}^{((N/2))} &= \frac{2}{N}\sum_{m=0}^{N/2-1} y_m \mathrm{e}^{-\mathrm{i}[2\pi(k+N/2)m/(N/2)]} \\ &= \frac{2}{N}\sum_{m=0}^{N/2-1} y_m \mathrm{e}^{-\mathrm{i}[2\pi km/(N/2)+2\pi m]} \\ &= \frac{2}{N}\sum_{m=0}^{N/2-1} y_m \mathrm{e}^{-\mathrm{i}[2\pi km/(N/2)]} \\ &= Y_k^{((N/2))} \end{aligned}$$

同理，还能得到

$$Z_{k+N/2}^{((N/2))} = Z_k^{((N/2))}$$

因此，由式(3-71)可得

$$C_{k+N/2}^{((N))} = \frac{1}{2} Y_{k+N/2}^{((N/2))} + \frac{1}{2} e^{-i[\pi(k+N/2)/(N/2)]} Z_{k+N/2}^{((N/2))}$$

$$= \frac{1}{2} Y_{k+N/2}^{((N/2))} + \frac{1}{2} e^{-i[\pi k/(N/2)]} e^{-i\pi} Z_{k+N/2}^{((N/2))}$$

而根据欧拉公式(3-54)

$$e^{-i\pi} = \cos \pi - i \sin x = -1$$

因此，得到

$$C_{k+N/2}^{((N))} = \frac{1}{2} Y_k^{((N/2))} - \frac{1}{2} e^{-i[\pi k/(N/2)]} Z_k^{((N/2))} \tag{3-72}$$

把式(3-71)与式(3-72)归纳后，可写成

$$\left.\begin{array}{l} 2C_k^{((N))} = Y_k^{((N/2))} + e^{i[-\pi k/(N/2)]} Z_k^{((N/2))} \\ 2C_{k+N/2}^{((N))} = Y_k^{((N/2))} - e^{-i[-\pi k/(N/2)]} Z_k^{((N/2))} \end{array}\right\}, \quad k = 0, 1, 2, \cdots, \frac{N}{2} - 1 \tag{3-73}$$

这个式子表明，数列 x_m 的傅里叶变换现在已经变成了两个对半分后的数列 y_m、z_m 的傅里叶变换，从而可使计算简化。

下面可以完全同样地按照式(3-69)的方法，把数列 y_m 与 z_m 再分别分成两个数列，也就是把 y_m 分成 y_m' 与 z_m'，把 z_m 也分成 y_m'' 与 z_m''。然后就可参照下式，从长度为 $N/4$ 数列的傅里叶变换中，求取 $Y_k^{((N/2))}$ 与 $z_k^{((N/2))}$

$$\left.\begin{array}{l} 2Y_k^{((N/2))} = Y'^{((N/4))} + e^{i[-\pi k/4]} Z_k'^{((N/4))} \\ 2Y_{k+N/4}^{((N/2))} = Y'^{((N/4))} - e^{i[-\pi k/4]} Z_k'^{((N/4))} \\ 2Z_k^{((N/2))} = Y''^{((N/4))} + e^{i[-\pi k/4]} Z_k''^{((N/4))} \\ 2Z_{k+N/4}^{((N/2))} = Y''^{((N/4))} - e^{i[-\pi k/4]} Z_k''^{((N/4))} \end{array}\right\}, \quad k = 0, 1, 2, \cdots, \frac{N}{4} - 1 \tag{3-74}$$

也许已经有些啰唆了，但还需要把数列再对分一次，得到下列的关系式

$$\left.\begin{array}{l} 2Y_k'^{((N/4))} = Y'''^{((N/8))} + e^{i[-\pi k/(N/8)]} Z_k'''^{((N/8))} \\ 2Y_{k+N/8}'^{((N/4))} = Y'''^{((N/8))} - e^{i[-\pi k/(N/8)]} Z_k'''^{((N/8))} \\ 2Z_k'^{((N/4))} = Y_k''''^{((N/8))} + e^{i[-\pi k/(N/8)]} Z_k''''^{((N/8))} \\ 2Z_{k+N/8}^{((N/4))} = Y_k''''^{((N/8))} - e^{i[-\pi k/(N/8)]} Z_k''''^{((N/8))} \\ 2Y_k''^{((N/4))} = Y_k''''^{((N/8))} + e^{i[-\pi k/(N/8)]} Z_k''''^{((N/8))} \\ 2Y_{k+N/8}''^{((N/4))} = Y_k''''^{((N/8))} - e^{i[-\pi k/(N/8)]} Z_k''''^{((N/8))} \\ 2Z_k''^{((N/4))} = Y_k'''''^{((N/8))} + e^{i[-\pi k/(N/8)]} Z_k'''''^{((N/8))} \\ 2Z_{k+N/8}''^{((N/4))} = Y_k'''''^{((N/8))} - e^{i[-\pi k/(N/8)]} Z_k'''''^{((N/8))} \end{array}\right\}, \quad k = 0, 1, 2, \cdots, \frac{N}{8} - 1 \tag{3-75}$$

倘若原来数列 x_m 的长度为 $N=2^P$，则按式(3-69)经 P 次对分后，最后都只剩下一个元素的数列，这样才算对分完毕。只有一个元素的数列，它的傅里叶变换就是这个元素本身。因此，往后就从这里开始，依次沿着式(3-75)、式(3-74)及式(3-73)这样相反的顺序进行，逐个地将前一级的傅里叶变换合成在一起，这样经过 P 次操作后，就可求出傅里叶变换 C_k 的数值。这就是快速傅里叶变换的原理。

将表 1-1 给出的例题波数据按照式(3-69)那样逐步地对分数列，它的过程如表 3-6 所示。但是，即使采用 $N=16$ 的例题波来说明，仍然稍嫌长，所以只用它的前半部，即 $N=8=2^3$ 个数据来说明。同时还要注意

$$e^{-i[0]} = 1.0000$$
$$e^{-i[\pi/4]} = 0.7071 - 0.7071i$$
$$e^{-i[\pi/2]} = -1.0000i$$
$$e^{-i[3\pi/4]} = -0.7071 - 0.7071i$$

表 3-6　数列的对分

(a) 原来的数列

m	0	1	2	3	4	5	6	7
x_m	5	32	38	−33	−19	−10	1	−8

(b) 1 次对分

m	0	1	2	3
y_m	5	38	−19	1
z_m	32	−33	−10	−8

(c) 2 次对分

m	0	1
y'_m	5	−19
z'_m	38	1
y''_m	32	−10
z''_m	−33	−8

(d) 3 次对分

m	0
y'''_m	5
z'''_m	−19
y''''_m	38
z''''_m	1
y'''''_m	32
z'''''_m	−10
y''''''_m	−33
z''''''_m	−8

从表 3-6 出发，按照相反的顺序，逐步地求得其系数(表 3-7)。表示由数列计算傅里叶变换 C_k 的过程。

表 3-7　数列的合成

(a) 最后的对分

k	0
$Y_k^{\prime\prime\prime((1))}$	5
$Z_k^{\prime\prime\prime((1))}$	−19
$Y_k^{\prime\prime\prime\prime((1))}$	38
$Z_k^{\prime\prime\prime\prime((1))}$	1
$Y_k^{\prime\prime\prime\prime\prime((1))}$	32
$Z_k^{\prime\prime\prime\prime\prime((1))}$	−10
$Y_k^{\prime\prime\prime\prime\prime\prime((1))}$	−33
$Z_k^{\prime\prime\prime\prime\prime\prime((1))}$	−8

(b) 1 次合成

k	0	1
$Y_k^{\prime((2))}$	−7.0	12.0
$Z_k^{\prime((2))}$	19.5	18.5
$Y_k^{\prime\prime((2))}$	11.0	21.0
$Z_k^{\prime\prime((2))}$	−20.0	−12.5

(c) 2 次合成

k	0	1	2	3
$Y_k^{((4))}$	6.25	6.00−9.25i	−13.25	6.00+9.25i
$Z_k^{((4))}$	−4.75	10.50+6.25i	15.75	10.50−6.25i

(d) 3 次合成

k	0	1	2	3	4	5	6	7
$C_k^{((8))}$	0.750	8.922−6.128i	−6.625−7.875i	−2.922 + 3.122i	5.500	−2.922−3.122i	−6.625 + 7.875i	8.922 + 6.128i

由此可知，这个方法的要点是，首先将给定的数列每隔一个取一个进行对分，分成两列，以后反复地做同样的操作，最后得到了表 3-6(d)的纵向数列，这时数列中的元素排列次序已发生了变化。这种次序的变化，在计算机中如何实现呢？这是一个很大的难题，即使对程序相当熟练的读者，大概也不太好处理。特别是如果在存储器中还没有采用为了改变排列次序的作业内容，那将是一个很难的技

术问题。下面就来谈一谈解决这个问题的关键是什么。

在表 3-7 中给出了数列最后的排列变化。表 3-8 的左边两列表明了原来数列中元素的排列"次序",而不是数列的"数值",我们来看一看发生了怎样的变化。现在再将排列变化前后的次序都用二进制写在该表的右边两列内。比较这两列,可以看到一个有趣的现象。在同一行位置上的二进制的序号恰好都是互相颠倒排列的。于是,就把反过来的二进制的序号称为逆二进制形或二进制数的反转形。例如,把十进制数中的 19,改写为二进制数,就是 10011,它是表示 25 的二进制数 11001 的反转形。

表 3-8　次序排列的变化

序号 m		序号 m(二进制表示)	
变化前	变化后	变化前	变化后
0	0	000	000
1	4	001	100
2	2	010	010
3	6	011	110
4	1	100	001
5	5	101	101
6	3	110	011
7	7	111	111

由上所述,先将表示最初数列编号的自然数用二进制表示,再依次将它们改写成逆二进制形用来改变排列的次序,就得到了数列的最后排列。表 3-8 虽然只对 N=8 的简单情形进行了说明,但是只要数列的长度 N 为 2 的乘幂时,这个原理总是成立的。这一点是很有意思的,同时也是重要的。下面所讲的快速傅里叶变换的程序就巧妙地利用了这个原理。

这种傅里叶变换方法所需要的计算时间就不再和数据个数的平方成比例,而是,当 $N=2^P$ 时,与 pN 成比例。例如,利用 HITAC8700/8800 计算机,对埃尔森特罗地震动作快速傅里叶变换,只需 0.1807 s 就解决问题。而采用前述原来的计算方法,需要 52 s,相比之下,快了很多。如用它对长度十倍于埃尔森特罗地震动的波进行分析,所需的时间也只不过 1.9 s,与前面提到的需要 1.5 h 相比,速度之快更令人惊讶。

最后,我们再次回过头来对式(3-65)的傅里叶变换与式(3-64)的傅里叶逆变换进行比较。若把系数 1/N 除外,两者在形式上就完全相同,但是式(3-65)中 e 的指数是负的,而式(3-64)中 e 的指数是正的,两者正好相反。因而,如果将式(3-70)～(3-75)中 e 的负指数都改为正号,则所有这些式子都将变成傅里叶逆变换。事实上,3.7 节要讲的快速傅里叶变换程序,也只需指定符号的正负就可以适用于傅里叶变换与傅里叶逆变换两种情况。

例如表 3-9 所示，对例题波的采样值，先作一次傅里叶变换，然后再对它作一次傅里叶逆变换，进行还原。首先，左边的一列为例题波的数据，傅里叶变换和逆变换中的两列分别为傅里叶系数及其逆变换的实部与虚部。在傅里叶变换处的数据与前面的表 3-5 相同。而在傅里叶逆变换处可以看到，最初所给的数据又在实数部位上重新出现了。

表 3-9　例题波的傅里叶变换与逆变换

m	数据	k	傅里叶变换		傅里叶逆变换	
0	5	0	0.000	0.000	5.000	0.000
1	32	1	3.880	2.071	32.000	0.000
2	38	2	2.744	−4.190	38.000	0.000
3	−33	3	2.479	−5.976	−33.000	0.000
4	−19	4	−3.375	−4.375	−19.000	0.000
5	−10	5	−2.094	1.928	−10.000	0.000
6	1	6	−3.619	1.185	1.000	0.000
7	−8	7	1.985	2.476	−8.000	0.000
8	−20	8	1.000	0.000	−20.000	0.000
9	10	9	1.935	−2.476	10.000	0.000
10	−1	10	−3.619	−1.185	−1.000	0.000
11	4	11	−2.094	−1.928	4.000	0.000
12	11	12	−3.375	4.375	11.000	0.000
13	−1	13	2.479	5.976	−1.000	0.000
14	−7	14	2.744	4.190	−7.000	0.000
15	−2	15	3.880	−2.071	−2.000	0.000

3.7　有限傅里叶级数和快速傅里叶变换程序

例题波数据的有限傅里叶级数的计算采用式(3-65)，其 MATLAB 程序如下：

```
clear
clc
```

```
%加载数据
load 例题波.txt
A=X___;
dt=0.5;
t=(0: dt: (length(A)-1)*dt)';
N=length(A);

%基于式(3-65)计算系数, 其中k=1时的值, 即为书中的C0
for k=1: 1: N
    C(k,1)=0+0*i;
    for m=1: 1: N
        C(k,1)=C(k,1)+A(m)*exp(-i*2*pi*(k-1)*(m-1)/N)/N;
    end

end

R_C=real(C); %实部
I_C=imag(C); %虚部
Abs_C=abs(C); %绝对值
```

快速傅里叶变换的程序目前已非常成熟, 本书介绍如何使用 MATLAB 程序进行快速傅里叶变换。MATLAB 中快速傅里叶变换的函数名为 fft, 其详细介绍可以参考 MATLAB 的相关书籍, 本书采用 fft 函数对例题波数据进行快速傅里叶变换, 并与有限傅里叶级数的数据进行对比, 其程序如下:

```
clear
clc
%加载数据
load 例题波.txt
A=X___;
N=length(A);
FFT_A=fft(A); %进行快速傅里叶变换
FFT_A= FFT_A/N; %MATLAB 快速傅里叶变换的结果与有限傅里叶级数之
间相差 N 倍
    R_ FFT_A =real(FFT_A); %实部
    I_ FFT_A =imag(FFT_A); %虚部
```

Abs_ FFT_A =abs(FFT_A)；%绝对值

通过运行程序可发现与表 3-5 中的结果一致。

3.8　傅里叶级数

　　本节与 3.9 节所讲的内容可以说是一个附录，与这本入门书的主题关系不大。一直到现在为止，所处理的数据都是离散的采样值。如果让离散的间隔逐渐缩小，最后变成无限小，又会怎样呢？对于这类情况，大体上是知道的。但是所处理的地震动数据，一般都是在相距有限间隔的采样点上的离散值，因此这里所讲述的内容只有理论上的意义，并没有多少实用价值。到目前为止，我们只对时间区间为正的，即从 0 到 T 的函数，讲解有限傅里叶近似或它的复数表示。对地震动来说，波从 $t=0$ 开始，一直继续到 $t=T$ 结束。把这种现象放在时间轴的正轴上来考虑，是很自然的。但是这里主要以一般性理论为目的，所以可以把现象扩大到负的时间轴上来考虑。为此，首先将时间轴的原点取在持续时间 T 的中心，于是现象所在的范围就在 $-T/2 < t \leqslant T/2$ 之间。

　　这样，前面求得的各种式子将分别发生下面的变化。首先，必须把式(3-2)写成

$$x_m = x(m\Delta t), \quad m = -\frac{N}{2}+1, -\frac{N}{2}+2, \cdots, 0, 1, \cdots, \frac{N}{2} \tag{3-76}$$

在式(3-58)中，若用 $-k$ 代替 k，即有

$$\begin{aligned} A_{-k} - \mathrm{i}B_{-k} &= \frac{2}{N} \sum_{m=-N/2+1}^{N/2} x_m \left[\cos\frac{2\pi(-k)m}{N} - \mathrm{i}\sin\frac{2\pi(-k)m}{N} \right] \\ &= \frac{2}{N} \sum_{m=-N/2+1}^{N/2} x_m \left(\cos\frac{2\pi km}{N} + \mathrm{i}\sin\frac{2\pi km}{N} \right) \end{aligned}$$

与式(3-59)相比较，可以写出与式(3-60)相对应的式子

$$A_k + \mathrm{i}B_k = A_{-k} - \mathrm{i}B_{-k} \tag{3-77}$$

因而，式(3-57)右边的第三项便可写成

$$\begin{aligned} \frac{1}{2} \sum_{k=1}^{N/2-1} \left(A_k + \mathrm{i}B_k \right) \mathrm{e}^{-\mathrm{i}(2\pi km/N)} &= \frac{1}{2} \sum_{k=1}^{N/2-1} \left(A_k - \mathrm{i}B_k \right) \mathrm{e}^{\mathrm{i}[2\pi(-k)m/N]} \\ &= \frac{1}{2} \sum_{k=-1}^{-N/2+1} \left(A_k - \mathrm{i}B_k \right) \mathrm{e}^{\mathrm{i}(2\pi km/N)} \end{aligned}$$

于是式(3-57)与式(3-62)情况相同，可以表示成

$$x_m = \frac{1}{2} \sum_{k=-N/2+1}^{N/2} \left(A_k - iB_k \right) e^{i(2\pi km/k)}$$

如果按式(3-63)那样的方法来定义傅里叶系数 C_k，结果使这里的傅里叶变换和傅里叶逆变换变成下式

$$C_k = \frac{1}{N} \sum_{m=-N/2+1}^{N/2} x_m e^{-i(2\pi k_m/N)}, \quad k = -\frac{N}{2}+1, -\frac{N}{2}+2, \cdots, 0, 1, \cdots, \frac{N}{2} \tag{3-78}$$

$$x_m = \sum_{k=-N/2+1}^{N/2} C_k e^{i(2\pi km/N)}, \quad m = -\frac{N}{2}+1, -\frac{N}{2}+2, \cdots, 0, 1, \cdots, \frac{N}{2} \tag{3-79}$$

如按式(3-77)，就与式(3-67)一样，得

$$C_{-k} = C_k^*, \quad k = 1, 2, \cdots, \frac{N}{2} - 1 \tag{3-80}$$

由式(3-80)与式(3-67)得到的折叠关系如图 3-7 所示。

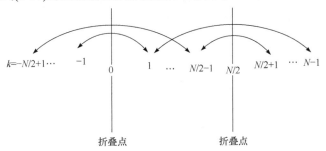

图 3-7　傅里叶系数的折叠关系

式(3-68)的帕什瓦定理变成

$$\frac{1}{N} \sum_{m=-N/2+1}^{N/2} x_m^2 = \sum_{k=-N/2+1}^{N/2} \left| C_k \right|^2 \tag{3-81}$$

到此为止，全部都是由 $m = -N/2+1$ 到 $N/2$，时间上从 $-T/2$ 到 $T/2$，间隔为Δt，个数为 N 的离散采样值的有关表示式。现在，令持续时间保持一定，即

$$T = N\Delta t$$

而将采样值的个数不断增加，直到增加到无穷大。这时，采样点的间隔Δt就不断缩小，最后变为无穷小。有限傅里叶近似式 $\tilde{x}(t)$ 是由通过原来函数的 N 个采样点处的标本值来确定的。当采样点数不断增加，它的间隔逐渐减小，则 $\tilde{x}(t)$ 与函数 $x(t)$ 渐趋一致。在极限情况下，$N \to \infty$，$\Delta t \to 0$，函数 $x(t)$ 在整个 $-T/2 < t \leqslant T/2$ 的范围内，都可由它的傅里叶表示式来正确地表达。

式(3-78)中的傅里叶系数可写成

$$C_k = \frac{1}{N\Delta t} \sum_{m=-N/2+1}^{N/2} \left(x_m \Delta t\right) \mathrm{e}^{-\mathrm{i}[2\pi k(m\Delta t)/N\Delta t]}, \quad k = -\frac{N}{2}+1, \cdots, 0, \cdots, \frac{N}{2} \qquad (3\text{-}82)$$

现在，一方面令 $N\Delta t = T$ 保持常数，同时令 N 无限增大，Δt 无限变小，则

$$m\Delta t \rightarrow t$$
$$x_m \Delta t \rightarrow x(t)\mathrm{d}t$$

式(3-82)中的和式就可变成积分式

$$C_k = \frac{1}{T}\int_{-T/2}^{T/2} x(t)\mathrm{e}^{-\mathrm{i}(2\pi kt/T)}\mathrm{d}t, \quad -\infty < k < \infty \qquad (3\text{-}83)$$

同样，式(3-79)变为

$$x(t) = \sum_{k=-\infty}^{\infty} C_k \mathrm{e}^{\mathrm{i}(2\pi kt/T)} \qquad (3\text{-}84)$$

这个式子叫做函数 $x(t)$ 在 $-T/2 < t \leqslant T/2$ 范围内的傅里叶级数。与有限傅里叶近似情形的式(3-39)相对应，这时的基本频率为

$$f_1 = \frac{1}{T} \text{ (Hz)} \qquad (3\text{-}85)$$

给出系数 C_k 的离散点，就是以频率 $f_1 = 1/T$ 为间隔的。又因为式(3-81)可写成

$$\frac{1}{N\Delta t} \sum_{m=-N/2+1}^{N/2} x_m^2 \Delta t = \sum_{m=N/2+1}^{N/2} \left|C_k\right|^2$$

所以，帕什瓦定理就可以表达为

$$\frac{1}{T}\int_{-T/2}^{T/2} x^2(t)\mathrm{d}t = \sum_{k=-\infty}^{\infty} \left|C_k\right|^2 \qquad (3\text{-}86)$$

3.9　傅里叶积分

到现在为止，在处理时间函数上，已经大体上用过两种不同的方法。最初，是用总数为 N、时间间隔为 Δt 的离散采样值来表示的。随后，在 3.8 节中已经提到，把它当作在 $-T/2 < t \leqslant T/2$，即持续时间 T 内的连续函数来处理。然而，不管在什么场合下，如果把现象当作随时间变化的量来进行处理的范围称为时域，与此相对应，例如，傅里叶谱那样，把现象当作随频率变化的量来进行处理的范围称为频域。

前一种离散采样值，根据有限傅里叶近似，可在频域中表示成总数仍为 N 个、

频率间隔为 $1/N\Delta t$ 的离散值。后一种连续函数，可根据傅里叶级数展开，变换为频域，分解为无限多个量，各分量的频率仍旧是相隔 $1/T$(Hz)的离散量。关于这类有限傅里叶近似与傅里叶级数展开的各种量之间的关系，经归纳后列成表 3-10。

表 3-10　有限傅里叶近似与傅里叶级数展开的各种量之间的关系

类型	时域		频域	
	持续时间/s	时间间隔/s	项数	频率间隔/Hz
有限傅里叶近似	T	Δt	N	$1/N\Delta t$
傅里叶级数展开	T	连 续	∞	$1/T$
傅里叶积分	∞	连 续	∞	连 续

从表 3-10 可知，如要进一步追求理论上的一般性，就有必要把时间范围扩大到 $-\infty \leqslant t \leqslant \infty$，有必要对时间域正、负方向都扩展到无限大的函数考虑第三种处理方法。若持续时间为无限大，则在频域上频率间隔变为无穷小而失去离散特性，此时应该用一个连续量来表示。

在这里，有必要对持续时间为无限大的含义加以说明。对于有限傅里叶近似或傅里叶级数展开来说，初看起来似乎是处理具有一定持续时间 T 的现象的，但是实际上，如图 3-8 所示，只不过是以 T 为周期的、无限次反复循环的现象中，取一个周期部分作为研究对象而已。因此在一个周期的最后一点，接着就是下一个循环周期的起点。从前面表 1-1 开始，一直没有取 $(N-1)\Delta t$ 为波的持续时间，而是取 $T=N\Delta t$，就是这个原因。这相当于绕水池周围种树的算术题。这些树没有端部与尾部。根据这样的理解，图 3-9 把时间轴取成圆周，并在这样的时间轴上画出了例题波的波形。现在只要把波形的头部与尾部连接起来，就能对这样得到的波形进行处理。为了表示头尾连接的情形，可以举出如下例子来说明。图 3-10 中

(a)
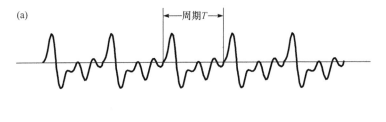

(b)

图 3-8　周期函数与非周期函数

的实线代表例题波的波形。现在把表 1-1 中给出的例题波的最后的采样值改为 $x_{m=15}=10$，并按式(3-22)求出 A_k、B_k，然后采用这样得到的 A_k、B_k，再按式(3-24)求出波形 $\bar{x}(t)$，并将它在图 3-10 中用虚线画出。在改变后的采样值尾部，波形自然要发生变化，而且在头部也会有变化。这就是头、尾相连的一个例子，这种现象可称为环状效应。这种环状效应往往会给波的分析带来不良的影响。

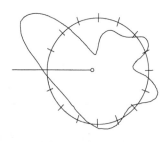

图 3-9　波的环接

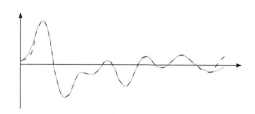

图 3-10　环状效应

　　本节中作为第三种方法提出来的傅里叶积分是处理定义在 $-\infty \leqslant t \leqslant \infty$ 范围内、持续时间 $t=\infty$ 的函数的，但这并不意味着下面所提到的函数都是在时间上无限延续的。对于图 3-8(b)中给出的图形可按一个起始于任意时刻、延续一定时间后未经重复就终止了的非周期函数来处理，使分析的对象得到了扩展。

　　于是式(3-84)，即

$$x(t) = \sum_{k=-\infty}^{\infty} C_k \mathrm{e}^{\mathrm{i}(2\pi kt/T)} \tag{3-87}$$

可写成

$$x(t) = \sum_{k=-\infty}^{\infty} \left(TC_k\right) \mathrm{e}^{\mathrm{i}[2\pi(k/T)t]} \cdot \frac{1}{T} \tag{3-88}$$

$1/T$ 为傅里叶级数展开中的基本频率，也是离散频率值的间隔。用 f 表示频率，令式(3-88)中的 $T \to \infty$，便有

$$\frac{k}{T} \to f$$

$$\frac{1}{T} \to \mathrm{d}f$$

则

$$TC_k \to F(f) \tag{3-89}$$

即在极限情况下，成为频率的连续函数。因而式(3-88)的和就变成了积分

$$x(t) = \int_{-\infty}^{\infty} F(f)\mathrm{e}^{\mathrm{i}(2\pi ft)}\mathrm{d}f \tag{3-90}$$

同样，可把式(3-83)写成

$$TC_k = \int_{-T/2}^{T/2} x(t)\mathrm{e}^{-\mathrm{i}[2\pi(k/T)t]}\mathrm{d}t$$

若令 $T \to \infty$，便得

$$F(f) = \int_{-\infty}^{\infty} x(t)\mathrm{e}^{-\mathrm{i}(2\pi ft)}\mathrm{d}t \tag{3-91}$$

函数 $F(f)$ 称为函数 $x(t)$ 的傅里叶积分或傅里叶变换，而式(3-90)称为傅里叶逆变换。式(3-89)表示 TC_k 的极限就是傅里叶变换 $F(f)$，这一点务请注意。参照式(3-63)，便得

$$TC_k = \frac{T}{2}\left(A_k - \mathrm{i}B_k\right)$$

以前，由傅里叶系数 A_k、B_k 求振幅 X_k，并把它画成图 3-4(b)中的谱时，需乘上 $T/2$，即乘上持续时间的 $1/2$，原因就在这里。

用圆频率 ω 代替频率，就要作下列改写

$$2\pi f = \omega$$
$$x(t) = f(t)$$
$$F(f) \to F(\omega)$$

傅里叶变换和傅里叶逆变换也就表示为

傅里叶变换： $\quad F(\omega) = \int_{-\infty}^{\infty} f(t)\mathrm{e}^{-\mathrm{i}\omega t}\mathrm{d}t \tag{3-92}$

傅里叶逆变换： $\quad f(t) = \frac{1}{2\pi} \int_{-\infty}^{\infty} F(\omega)\mathrm{e}^{\mathrm{i}\omega t}\mathrm{d}\omega \tag{3-93}$

在这种情况下，称函数 $f(t)$ 和 $F(0)$ 构成了傅里叶变换的对，写成

$$f(t) \Leftrightarrow F(\omega) \tag{3-94}$$

根据式(3-92)，若 $f(t)$ 为实函数，则

$$F(-\omega) = F^*(-\omega) \tag{3-95}$$

3.10　傅里叶谱的意义

虽然求实际波傅里叶谱的程序要到后面 6.1 节才介绍，这里在图 3-11 与图 3-12 中，先把埃尔森特罗地震动的傅里叶谱的图形画出来。图 3-11 中的傅里叶振幅是

对频率坐标画出来的，而图 3-12 是对周期的对数坐标画出的。这样的傅里叶谱表示法有两个重要意义：一是从时间过程中检出频率分量，二是进行了由时域到频域的变换。

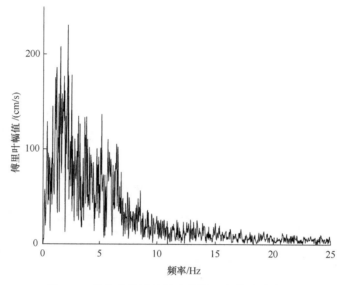

图 3-11　埃尔森特罗地震动的傅里叶谱(频率表示)

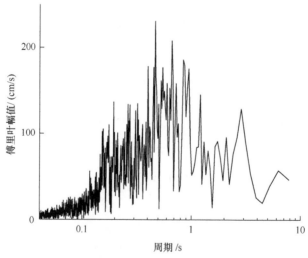

图 3-12　埃尔森特罗地震动的傅里叶谱(周期表示)

　　关于频率分量的检出在 3.3 节中已经提起过。傅里叶谱能够表明在原来的波中含有什么样的频率分量及哪些分量的振幅大，因此可以用它来推测这个地震动对结构物的影响。如果有的分量的振幅特别大，就称这些分量是卓越的，这些分量的频率或周期就分别称为卓越频率或卓越周期。从图 3-12 可以看出，埃尔森特罗地震动的卓越周期大体上在 0.2 s 到 1 s 之间，以及接近 3 s 的地方。但是，前面已经提到过，对于频率大于奈奎斯特频率的高频分量，从傅里叶谱中是找不出来的。

前面图 1-1 中的埃尔森特罗地震加速度记录是画在时间轴上的，也就是表示在时域上的。与此相对应，图 3-11 是按频率画出的，也就是说，是表示在频域上的。这样，把时间过程作傅里叶变换，就从时间的范畴变换到了频率的范畴，而且在必要时，还可以从频率的范畴再变换到时间的范畴，也就是使原来的波形再次重现，这就是傅里叶逆变换。这样看来，波形和谱，尽管两者在形状上完全不同，但所含的信息却是完全相等的。

不过，还有一件事要提请注意，就频域来说，仅由图 3-11 中的傅里叶振幅谱给出的信息是不完全的，只有同时具备前面图 3-5 中所示的傅里叶相位谱时，才具备了相当于时域上所含的信息。换句话说，仅仅是傅里叶系数 C_k 的绝对值是不够的，还必须分别知道它的实部与虚部。

分析地震动，或者分析结构物在地震动作用下的反应，本来是应该在时域上进行的，但是在有些情况下，一旦变成谱后，在频域上进行分析，会有意想不到的方便。特别是由于快速傅里叶变换方法的研究成功，与在时域中，按照某个时间间隔一步步仔细计算相比，分析速度之快及分析工作之便捷，简直是无法比拟的。

另一方面，这种傅里叶分析也存在着各种各样的问题，下面提一下这方面的情况。首先，已经多次谈过，快速傅里叶变换是一种十分有力的武器，但是在许多情况下却并不适用，如当数据的个数不是 2 的乘幂时就不适用。并不是完全不能用，而是失去了快速的威力。对此，有一种办法。例如，埃尔森特罗地震动的个数 N =1500，波形到此为止以后就没有了，因此，可以看作有一种振幅为 0 的波在后面继续振动。倘若在上述数据后面添上 548 个 0，则

$$N = 1500 + 548 = 2048 = 2^{11}$$

便成为 2 的乘幂。用这样的办法在后面加 0 叫做补零。在前面图 3-8 处已提过，有限个数据傅里叶变换的波形实际上并没有终止，而是由同一个波形在作反复的循环，这就是前面提到过的环状效应。补上了 0 以后，还有一个额外的收获，即切断了由于环状效应所产生的那种恶性循环。

但是，这里所担心的问题是，用这种方法在后面补上 0 以后，所分析的波与原来的波岂不是不一样了吗？以取例题波的前 10 个采样值为例：

数组 I：5，32，38，-33，-19，-10，1，-8，-20，10

在它后面加上了六个 0 后，便得到由 16 个数据组成的

数组Ⅱ：5，32，38，−33，−19，−10，1，−8，−20，10，0，0，0，0，0，0
这样，

数组Ⅰ：$N = 10, \Delta t = 0.5\text{s}, \quad \Delta f = \dfrac{1}{N\Delta t} = 0.200\text{r / s}$

数组Ⅱ：$N = 16, \Delta t = 0.5\text{s}, \quad \Delta f = \dfrac{1}{N\Delta t} = 0.125\text{r / s}$

求这两组数据的傅里叶谱，得到图 3-13 的结果。这样求得的两种傅里叶振幅的频率是不同的，两者之间存在一定的偏差。那么哪一个是正确的傅里叶谱呢?应该说补零的那种傅里叶谱是比较接近实际波的谱的，因为它切断了环状效应。

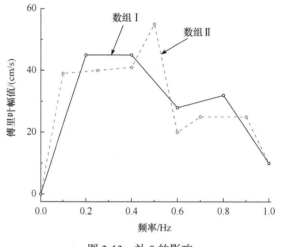

图 3-13　补 0 的影响

也许有人认为，大量在后面补 0 使数据的个数增加后，就能知道高频的情况，但是，这是一种错觉。因为 N 增加，虽然使频域中的频率间隔 $\Delta f = 1 / N\Delta t$ 变细了，但奈奎斯特频率仍为 $f_{N/2} = 1 / 2\Delta t$，它只与时域上的时间间隔有关。

在讨论下一个问题之前，先来做一个简单的例题。图 3-14(a)左侧是一个持续时间为 T、振幅为 α 的正弦波，即

$$x_1(t) = \alpha \sin \frac{4\pi t}{T}, \quad -\frac{T}{2} < t \leqslant \frac{T}{2} \tag{3-96}$$

由式(3-83)，可求得傅里叶振幅为

$$|F_1(k)| = \begin{cases} \dfrac{T\alpha}{2}, & k = 2 \\ 0, & k \neq 2 \end{cases}$$

同样，图 3-14(b)左侧是振幅为 $\alpha/2$ 的正弦波，也即

$$x_2(t) = \frac{\alpha}{2}\sin\frac{4\pi t}{T}, \quad -\frac{T}{2} < t \leqslant \frac{T}{2} \tag{3-97}$$

与此相应，有

$$|F_2(k)| = \begin{cases} \dfrac{1}{2}\cdot\dfrac{T\alpha}{2}, & k=2 \\[2mm] 0, & k\neq 2 \end{cases}$$

它们的傅里叶谱分别画在图的右侧。

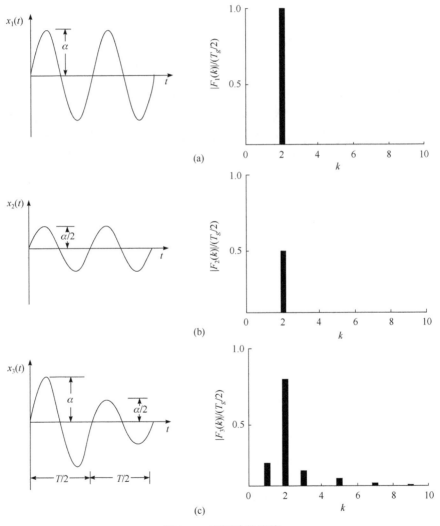

图 3-14 不同波的连接

下一步，分别把这两个波的前半段与后半段连接在一起，如图 3-14(c)左侧所

示，作出一个持续时间相同的另一个波

$$x_3(t) = \begin{cases} \alpha \sin \dfrac{4\pi t}{T}, & -\dfrac{T}{2} < t \leqslant 0 \\[3mm] \dfrac{\alpha}{2} \sin \dfrac{4\pi t}{T}, & 0 \leqslant t \leqslant \dfrac{T}{2} \end{cases} \tag{3-98}$$

这个波的傅里叶振幅，也由式(3-83)求得

$$\left| F_3(k) \right| = \begin{cases} \dfrac{2}{\pi \left| 4 - k^2 \right|} \cdot \dfrac{T\alpha}{2}, & k\text{奇数} \\[3mm] \dfrac{3}{4} \dfrac{T\alpha}{2}, & k = 2 \\[3mm] 0, & k = \text{除2以外的偶数} \end{cases} \tag{3-99}$$

这个谱也在图 3-14(c)的右侧画出。如图中见到的那样，由于中途发生波形变化，波形以外的谱也混了进来。在整个持续过程中，由于哪一种分量也不能大致一样地继续下来，因而傅里叶谱的意义存在减弱的倾向。实际地震动的波形是不规则的，至少在记录的头部与尾部，这种不规则性往往不同，有时候把一些性质不同的波形也连续地记录下来。

第4章 功率谱和自相关函数

4.1 功 率 谱

前面已经提到过，函数采样值 x_m 的均方值

$$\frac{1}{N}\sum_{m=0}^{N-1}x_m^2$$

叫做平均功率。如果用式(3-65)求得的有限傅里叶系数表示平均功率，就像式(3-68)所表示的那样为

$$\frac{1}{N}\sum_{m=0}^{N-1}x_m^2 = \sum_{k=0}^{N-1}|C_k|^2$$

根据式(3-67)，由于

$$C_{N-k} = C_k^*, \quad k=1,2,\cdots,\frac{N}{2}-1$$

可将上面的平均功率表达式写成

$$\frac{1}{N}\sum_{m=0}^{N-1}x_m^2 = |C_0|^2 + 2\sum_{k=1}^{N/2-1}|C_k|^2 + |C_{N/2}|^2 \tag{4-1}$$

若按式(3-66)，即

$$\left.\begin{array}{l} A_k = 2\mathcal{R}(C_k) \\ B_k = \mathcal{A}(C_k) \end{array}\right\}, \quad k=0,1,2,\cdots,\frac{N}{2}$$

则式(4-1)与前面式(3-50)是相等的。

将波的平均功率按照各频率分量的贡献完成分解：

$$\frac{1}{N}\sum_{m=0}^{N-1}x_m^2 = \frac{1}{2}\left(\frac{X_0^2}{2} + \sum_{k=1}^{N/2-1}X_k^2 + \frac{X_{N/2}^2}{2}\right)$$

式(4-1)将波的平均功率分解成了各频率分量所占有的成分。因此，如将式(4-1)右边各项对照各分量的频率一一画出来，从图形上可以看出，在平均功率中，哪些分量大，哪些分量小。但是，通常要在式(4-1)的两边乘以波的持续时间 $T = N\Delta t$，即

$$\sum_{m=0}^{N-1}x_m^2\Delta t = T\left|C_0\right|^2 + 2\sum_{k=1}^{N/2-1}\left(T\left|C_k\right|^2\right) + T\left|C_{N/2}\right|^2 \tag{4-2}$$

把这个式子的右边各项，对照

$$\left.\begin{array}{l} k = 0,1,2,\cdots,N/2 \\ f_k = k\Delta f \\ \omega_k = 2\pi f_k = 2\pi k\Delta f \end{array}\right\}$$

等作出的图形，叫做功率谱。

这里的

$$\Delta f = \frac{1}{N\Delta t}\ (\text{Hz})$$

是频域中的频率间隔(过去已多次提到过)。$k = N/2$ 为图 3-7 中的折叠点，$f_{N/2} = 1/(2\Delta t)$为折叠频率。

把埃尔森特罗地震动的功率谱画成图后，如图 4-1 所示。有限个数据的功率谱应该是在间隔Δf的离散频率值上得到的线谱，但是在图 4-1 中，将它用折线连起来表示，这一点与讲傅里叶谱时所作的说明一样，不过是取它的形式而已。

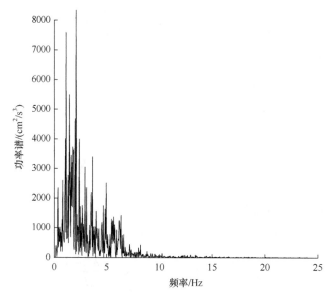

图 4-1　埃尔森特罗地震动的功率谱

如数据 x_m 为加速度，按式(4-2)可知，功率谱的单位应为 $\text{Gal}^2\cdot\text{s}$ 或 cm^2/s^3；如数据为速度或位移，功率谱的单位就应为 cm^2/s 或 $\text{cm}^2\cdot\text{s}^{-1}$。它们与物理学中的

功率(单位时间内所做的功，单位为 W)概念是不同的。因此在地震动的情况下，所谓功率谱，不能用功率这一物理量来理解，只不过按 4.4 节中所讲内容类推，依习惯采用功率这个词而已。

功率谱与傅里叶谱二者在本质上没有什么不同。功率谱的纵坐标与傅里叶谱的纵坐标相比，大体上存在平方的关系，因此可理解为，功率谱强调了各成分波对结构物的影响。有限傅里叶系数 A_k、B_k 或者傅里叶系数的实部和虚部都随着在时间轴上的移动而变化。如图 1-10 所示，取波的左端作为时间轴的原点 $t=0$，现在使原点向右方移动 2.5 s，这样再来计算对应的傅里叶系数 A_k、B_k，其结果列于表 4-1 中。与前面表 3-1 中的内容都是同一个例题的傅里叶系数，但是数值却不相同。这是由于时间轴的原点取得不同，从而使各分量的相位角发生了变化。

表 4-1　例题波的有限傅里叶系数(时间轴原点向右移动 2.5 s)

k	A	B
0	0.000	0.000
1	−6.797	−5.583
2	−9.807	−2.044
3	0.007	12.940
4	8.750	6.750
5	5.345	1.960
6	−3.443	−6.794
7	−3.055	−5.563
8	−2.000	0.000

但是，比较一下表 3-1 与表 4-1，可以看出两者的 $|C_k|^2$，即 $A_k^2 + B_k^2$ 是相等的。这就是说，平均功率的频率分量，即功率谱，对时间轴的移动来说是一个不变量，它只与傅里叶变换的绝对值——振幅有关，而与相位没有关系。

反过来可以这样说，如果有了图 3-4 与图 3-5 所示的傅里叶振幅谱与傅里叶相位谱，就可以使原来的波形照样地显现出来。而在仅仅有功率谱的情况下，由于各分量的相位角不固定，就会得到无数个具有同一功率谱的波来。

4.2　谱密度函数

式(3-86)表达的帕什瓦定理

$$\frac{1}{T}\int_{-T/2}^{T/2} x^2(t)\mathrm{d}t = \sum_{k=-\infty}^{\infty} |C_k|^2$$

可以写成

$$\frac{1}{T}\int_{-T/2}^{T/2}x^2(t)\mathrm{d}t = \sum_{k=-\infty}^{\infty}\left(T|C_k|^2\right)\frac{1}{T}$$

在这里，使 $T\to\infty$，则有

$$\frac{1}{T}\to \mathrm{d}f = \frac{1}{2\pi}\mathrm{d}\omega$$

如再用

$$\lim_{T\to\infty}\left(T|C_k|^2\right) = G(f) \tag{4-3}$$

来定义频率的函数，则得

$$\lim_{T\to\infty}\frac{1}{T}\int_{-T/2}^{T/2}x^2(t)\mathrm{d}t = \int_{-\infty}^{\infty}G(f)\mathrm{d}f \tag{4-4}$$

由于 $G(f)\mathrm{d}f$ 表示频率在 f 与 $f+\mathrm{d}f$ 之间的分量所提供的功率，与前面提到的概率密度的含义是相同的，所以把 $G(f)$ 叫做谱密度函数(spectral density function)或叫做对连续函数的功率谱。

　　前面，我们没有用式(4-1)来表示功率谱，而是用乘上 T 以后的式(4-2)来表示，其原因只要看式(4-3)就能理解了。

　　为了把式(4-4)用一般的函数式子来表示，可把 $x(t)$ 改为 $f(t)$，把谱密度函数看成圆频率的函数，且把它写成最常用的形式

$$\lim_{T\to\infty}\int_{-T/2}^{T/2}f^2(t)\mathrm{d}t = \frac{1}{2\pi}\int_{-\infty}^{\infty}G(\omega)\mathrm{d}\omega \tag{4-5}$$

　　在介绍傅里叶积分时，讲到过式(3-89)

$$TC_k \to F(f)$$

把它与式(4-3)比较，就可得到傅里叶变换和功率谱之间的关系：

$$G(f) = \frac{1}{T}|F(f)|^2 \tag{4-6}$$

或

$$G(\omega) = \frac{1}{T}|F(\omega)|^2 \tag{4-7}$$

　　图4-1中的功率谱，0频率到折叠频率 $f_{N/2}$ 之间所包围的面积为

$$\mu_0 = \int_0^{f_{N/2}}G(f)\mathrm{d}f \tag{4-8}$$

按照前面所讲的，这个面积显然表示了波的全部功率。下面求这个面积对于坐标

轴纵轴的二次矩，得

$$\mu_2 = \int_0^{f_{N/2}} f^2 G(f)\mathrm{d}f \tag{4-9}$$

现在，取式(4-9)与式(4-8)之比的平方根，并设为 $\overline{N}_0$

$$\sqrt{\frac{\mu_2}{\mu_0}} = \sqrt{\frac{\int_0^{f_{N/2}} f^2 G(f)\mathrm{d}f}{\int_0^{f_{N/2}} G(f)\mathrm{d}f}} \equiv \overline{N}_0 \tag{4-10}$$

则 $\overline{N}_0$ 就是波在单位时间内从正向到负向或从负向到正向切割 0 线的平均次数，证明从略。在这里，得到了以前在 2.1 节中讲到的零交法与功率谱之间的关系，这是很有意思的。

对埃尔森特罗地震动(持续时间 $T=30$ s)来说，由上述式(4-10)计算它的功率谱，得到

$$\overline{N}_0 = 3.94$$

所以零交法的总数为

$$2\overline{N}_0 T = 2 \times 3.94 \times 30 = 236.4$$

这与前面得到的实际零交点的个数 236 完全一致。

由图 4-1 可知，功率谱是频域上的一种波形。因而计算功率谱的功率谱也是可以的。这样，进一步以功率谱的功率谱来讨论原波形的性质，也是一个可以研究的课题。

4.3　自相关函数

对属于同一系统的各个采样值，当测定其两个属性 X 与 Y(例如某班学生的身高与体重、日本各地樱花开花日期和当地的年平均气温)时，一般把 X 与 Y 之间的关系叫做相关。设测定值 X 与 Y 的平均值分别为 $\overline{X}$ 与 $\overline{Y}$，则相关的大小可用

$$\sum(X-\overline{X})(Y-\overline{X})$$

来表示，或者当 $\overline{X}=\overline{Y}=0$ 时，用乘积和 $\sum XY$ 的大小来表示。为了对两个量之间的相关有一种直观的感觉，可以测量到的学生身高与体重为例，用横轴表示身高，纵轴表示体重来作图。如果图上得到的点完全分散，说明两个量之间不相关；如果得到的点位于一条直线上，或者密集地接近那条直线，则可知这两个量之间存在密切的关系。这一类图叫做分布图。

　　下面简单介绍一种特殊的相关问题：波形的一个采样值与下一个采样值之间的相关性，即x_m与x_{m+1}之间的相关性。在图4-2(b)中画出了例题波中x_m与x_{m+1}的分布图，于是就能计算x_m与x_{m+1}之间的相关。同样，可以针对某个采样值与其后面第2个采样值，即x_m与x_{m+2}画出分布图，得到图4-2(c)。上述这一类相关不是身高和体重这种不同属性间的关系，而是属于同一系统本身内部相关数据之间的关系，所以叫做自相关，例如，考虑某一年龄时的身高与若干年后的身高之间的关系，就是自相关。

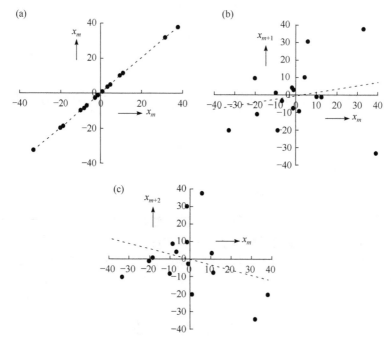

图 4-2　例题波的分布图

　　与图 4-2 中的关系一样，还可以对第三个、第四个……的采样值求下去。一般说来，当函数的采样值为 x_m ($m = 0, 1, 2, \cdots, N-1$)时，按照下式

$$R_f = \frac{1}{N} \sum_{m=0}^{N-1} x_m x_{m+j} \tag{4-11}$$

算得的数列 R_j ($j = 0, 1, 2, \cdots, N-1$)叫做自协方差系数，两个点 m 与 $m+j$ 之间的时间间隔 $j\Delta t$ 叫做时滞。

　　在式(4-11)中，当 $m+j$ 超出 m 的取值范围 $0 \le m \le N-1$，即 $m + j \ge N-1$时，就取

$$m + j \to m + j - N$$

于是，又重新回到原来的 x_m 再从头进行。

图 4-2(a)中是 $j = 0$ 的情况，因为这是 x_m 与 x_m，即自己本身之间的关系。不用说，这是一种完整无缺的相关关系。在式(4-11)中，取 $j = 0$，便得

$$R_0 = \frac{1}{N} \sum_{m=0}^{N-1} x_m^2 \tag{4-12}$$

表示采样值的均方值，即平均功率。

因此，若用式(4-12)去除式(4-11)，即把自协方差系数对 R_0 标准化，得

$$\rho_j = \frac{\displaystyle\sum_{m=0}^{N-1} x_m x_{m+1}}{\displaystyle\sum_{m=0}^{N-1} x_m^2} \tag{4-13}$$

并称它为自相关系数或关于离散数据的自相关系数。由于自相关系数是按式(4-13)进行标准化的，所以当然是一个无量纲的量。表 4-2 就是例题波按式(4-13)算得的自相关系数，表中的时间滞后 $\tau = j\Delta t$。将它画成图，就得到图 4-3。这样，把自相关系数对时间滞后作出的图形叫做相关图。图 4-3 中显示的是有限个数 N 时的自相关系数，横坐标的时滞与采样点时间间隔 Δt 一致，总时间长度为样本总持续时间的 1/2。这样图的横坐标虽然是时间，但并不是通常意义的自然经过的时间。因此，如果与前面讲过的时域、频域相对照，可以说相关图是表示在时滞域上的。

表 4-2　例题波的自相关系数

j	时滞 /s	R
0	0.00	1.000
1	0.59	0.190
2	1.00	−0.297
3	1.50	−0.237
4	2.00	−0.057
5	2.50	0.131
6	3.00	−0.103
7	3.59	−0.097
8	4.00	−0.058

图 4-3 中的自相关系数在 $\tau = 2.5$ s 处有一峰值。如果原来的波形如图 2-1 所示是一个以 T 为周期的理想周期函数，则由于 $x(t)$ 与 $x(t+T)$ 完全相等，在时滞为 T 的地方，自相关系数应为 $\rho_T = 1.0$。因而，相关图中的峰点意味着在原来波形中间包含着一种波，它是周期与峰点处的时滞相当的一个分量。以前在图 3-4 中的

同一例题波的傅里叶谱上，峰点处的频率约为 0.4 Hz，相应的周期约为 2.5 s，两者正好对应。这样，就可以利用自相关系数的计算来寻求函数值中所含的周期性，所以相关图也是一种谱。图 4-4 是埃尔森特罗地震动的相关图。

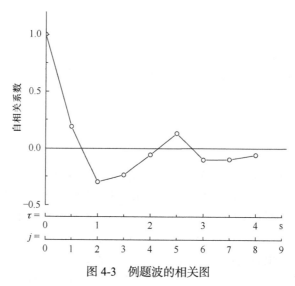

图 4-3　例题波的相关图

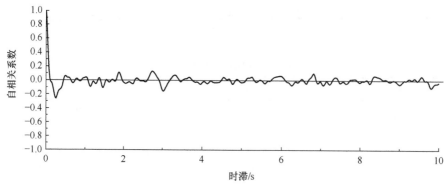

图 4-4　埃尔森特罗地震动的相关图

4.4　求自相关系数的程序

　　读者若感兴趣可以按照 4.3 节介绍的内容自行编制自相关系数的计算程序。考虑到程序是进行地震动等信号分析的工具，并且 MATLAB 软件中已包含求自相关函数，为便于读者后期的应用，本节介绍 MATLAB 软件中已有的求解函数 autocorr。

　　其用法为

```
[acf,lags,bounds] = autocorr(y,numLags)
```

其中，acf 为返回的自相关系数，y 为输入信号，numLags 为需要计算的式(4-11)
中 j 的个数。

例如，计算 16 个点的例题波数据的自相关系数，其程序为

```
y=[5; 32; 38; -33; -19; -10; 1; -8; -20; 10; -1; 4; 11;
-1; -7; -2];
    [acf,lags,bounds] = autocorr(y,8);
```

输出 acf，即可得到表 4-2 中的数据。

4.5 自相关函数与功率谱

对于某数据系列，一般可用式(3-65)计算它的傅里叶谱。设 $R_j (j = 1, 2, \cdots, N)$
为由式(4-11)求得的自协方差系数数列，试求它的傅里叶变换。现在把式(3-65)中
的 x_m 改为 R_j，再将采样点的序号 m 改为 j，这样就得到

$$\frac{1}{N}\sum_{j=0}^{N-1}R_j \mathrm{e}^{-\mathrm{i}(2\pi kj/N)} = \frac{1}{N}\sum_{j=0}^{N-1}\left[\mathrm{e}^{-\mathrm{i}(2\pi kj/N)} \cdot \frac{1}{N}\sum_{m=0}^{N-1}x_m x_{m+j}\right]$$

$$= \frac{1}{N}\sum_{m=0}^{N-1}x_m \cdot \frac{1}{N}\sum_{j=0}^{N-1}x_{m+j}\mathrm{e}^{-\mathrm{i}(2\pi kj/N)}$$

$$= \frac{1}{N}\sum_{m=0}^{N-1}x_{mi} \cdot \frac{1}{N}\sum_{j=0}^{N-1}x_{m+j}\mathrm{e}^{-\mathrm{i}[2\pi k(m+j)/N]}\mathrm{e}^{-\mathrm{i}[2\pi(-k)m/N]}$$

$$= \left\{\frac{1}{N}\sum_{m=0}^{N-1}x_m \mathrm{e}^{-\mathrm{i}[2\pi(-k)m/N]}\right\}\left\{\frac{1}{N}\sum_{m+j=m}^{N-1+m}x_{m+j}\mathrm{e}^{-\mathrm{i}[2\pi k(m+j)/N]}\right\}$$

$$= C_{-k} \cdot C_k$$

由式(3-80)

$$C_{-k} = C_k^*$$

因而

$$C_{-k} \cdot C_k = \left|C_k\right|^2$$

最后得

$$\frac{1}{N}\sum_{j=0}^{N-1}R_j \mathrm{e}^{-\mathrm{i}(2\pi kj/N)} = \left|C_k\right|^2 \tag{4-14}$$

参看式(4-2)，可知自协方差系数的傅里叶变换正好与功率谱的各分量相对应。因此，反过来就有

$$R_j = \sum_{k=0}^{N-1} |C_k|^2 \, \mathrm{e}^{\mathrm{i}(2\pi kj/N)} \tag{4-15}$$

即自协方差系数就是功率谱各分量的傅里叶逆变换。在数据个数较多的情况下，与其使用式(4-11)直接计算自相关系数，还不如利用快速傅里叶变换，先将数据进行傅里叶变换，求得$|G_k|^2$，然后按式(4-15)求它的逆变换。求自相关系数的后一种方法要快得多。

由式(4-15)可得

$$R_{N-j} = \sum_{k=0}^{N-1} |C_k|^2 \, \mathrm{e}^{\mathrm{i}[2\pi k(N-j)/N]} = \sum_{k=0}^{N-1} |C_k|^2 \, \mathrm{e}^{-\mathrm{i}(2\pi kj/N)}$$

如将此式与式(4-15)比较，得

$$R_{N-j} = R_j^*$$

由于自协方差系数是实数，所以有

$$R_{N-j} = R_j \tag{4-16}$$

即自协方差系数或自相关系数也是以$j = N/2$为折叠点的，该点前后的系数值也是互为折叠的。

把式(4-11)写成

$$R_j = \frac{1}{N\Delta t} \sum_{m=-N/2+1}^{N/2} x_m x_{m+j} \Delta t$$

$$j\Delta t = \tau$$

保持$T = N\Delta t$不变，令$N \to \infty, \Delta t \to 0$，这样可以得到连续函数的自相关函数

$$R(t) = \frac{1}{T} \int_{-T/2}^{T/2} x(t)x(t+\tau)\mathrm{d}t \tag{4-17}$$

这里τ为时滞。设函数$x(t)$的持续时间为有限长，且在$t < -T/2$与$T/2 < t$时，其值为 0，这样可以把积分的上下限分别扩展到$\pm\infty$。如再把式(4-17)中的$x(t)$换为$f(t)$，就可写成

$$R(\tau) = \frac{1}{T} \int_{-\infty}^{\infty} f(t)f(t+\tau)\mathrm{d}t \tag{4-18}$$

如求式(4-18)的傅里叶变换，便得

$$\int_{-\infty}^{\infty} R(\tau) e^{-i\omega\tau} d\tau = \int_{-\infty}^{\infty} \left[\frac{1}{T} \int_{-\infty}^{\infty} f(t) f(t+\tau) dt \right] e^{-i\omega\tau} dt$$

$$= \frac{1}{T} \int_{-\infty}^{\infty} f(t) \left[\int_{-\infty}^{\infty} f(t+\tau) e^{-i\omega z} d\tau \right] dt$$

$$= \frac{1}{T} \int_{-\infty}^{\infty} f(t) \left[\int_{-\infty}^{\infty} f(t+\tau) e^{-i\omega(t+\tau)} d\tau \right] e^{i\omega t} dt$$

根据式(3-92)，上式的[ ]内等于 $F(\omega)$，因此

$$\int_{-\infty}^{\infty} R(\tau) e^{-i\omega\tau} d\tau = \frac{1}{T} F(\omega) \int_{-\infty}^{\infty} f(t) e^{i\omega t} dt = \frac{1}{T} F(\omega) F(-\omega)$$

但是按式(3-95)，由于

$$F(-\omega) = F^*(\omega)$$

所以

$$F(\omega) F(-\omega) = |F(\omega)|^2$$

结果得

$$\int_{-\infty}^{\infty} R(\tau) e^{-i\omega\tau} d\tau = \frac{1}{T} |F(\omega)|^2$$

而且按式(4-7)，进一步得到

$$\left. \begin{aligned} G(\omega) &= \int_{-\infty}^{\infty} R(\tau) e^{-i\omega\tau} d\tau \\ R(\tau) &= \frac{1}{2\pi} \int_{-\infty}^{\infty} G(\omega) e^{i\omega\tau} d\omega \end{aligned} \right\} \tag{4-19}$$

即自相关函数与谱密度函数互为傅里叶变换对。

$$R(\tau) \rightleftharpoons G(\omega)$$

第5章　谱的平滑化

到现在为止，在本书中出现的实际地震动的傅里叶谱或功率谱都呈锯齿状。图 3-11 为埃尔森特罗地震动的傅里叶谱，分量振幅特别大的卓越频率，大体上在 0.3 Hz、1～2.5 Hz 和 4.5～6.5 Hz 的地方，但是由于形状呈锯齿形，谱峰点的准确位置不易确定。这种情形并不是埃尔森特罗地震动所特有的，其他地震动的谱图大体上也是这样的。把这种锯齿去掉，使谱变得光滑的操作方法，叫做谱的平滑化。平滑化仅仅是为了使图形光滑，并不会使波形的本质受到歪曲和畸变。反过来说，由于不纯的东西去掉了，本质的东西必然会更加显示出来。本章我们要学习谱的平滑化，但是事先还必须学一些关于褶积及其傅里叶变换的知识。

5.1　褶积的傅里叶变换

当两个函数 $f_1(x)$ 与 $f_2(x)$ 已给定时，则

$$f(x) = f_1(x) \cdot f_2(x)$$

是这两个函数的简单的积。与它相对应，我们利用下列式子来定义函数 $f(x)$

$$f(x) = \int_{-\infty}^{\infty} f_1(y) f_2(x-y) \mathrm{d}y \tag{5-1}$$

并称它为 $f_1(x)$ 与 $f_2(x)$ 的褶积(convolution)。设变量为时间 t，则

$$f(t) = \int_{-\infty}^{\infty} f_1(\tau) f_2(t-\tau) \mathrm{d}\tau \tag{5-2}$$

就是时间函数 $f_1(x)$ 与 $f_2(x)$ 的褶积。式(5-1)中的 y 及式(5-2)中的 τ 将在积分时被消去，称为媒介变量，有时也称褶积为叠加积分。当函数定义在 $0 \leqslant t \leqslant \infty$ 之间时，则

$$f(t) = \int_0^t f_1(\tau) f_2(t-\tau) \mathrm{d}\tau \tag{5-3}$$

仍然是褶积。式(5-2)的定义往往用下式

$$f(x) = f_1(x) * f_2(x) \tag{5-4}$$

来表示。将式(5-2)中的变量加以对换，立刻可以知道

$$f_1(x) * f_2(x) = f_2(x) * f_1(x) \tag{5-5}$$

即交换法是成立的。

下面来考虑褶积的傅里叶变换。如对式(5-2)作傅里叶变换，由式(3-92)得

$$F(\omega) = \int_{-\infty}^{\infty} \left[\int_{-\infty}^{\infty} f_1(\tau) f_2(t-\tau) \mathrm{d}t \right] \mathrm{e}^{-\mathrm{i}\omega t} \mathrm{d}t$$

如变更积分的顺序，则得

$$F(\omega) = \int_{-\infty}^{\infty} f_1(\tau) \left[\int_{-\infty}^{\infty} f_2(t-\tau) \mathrm{e}^{-\mathrm{i}\omega t} \mathrm{d}t \right] \mathrm{d}\tau$$

但是，在[　]内的积分中，用

$$t - \tau \equiv z$$

来替换，由于

$$t = z + \tau, \quad \mathrm{d}t = \mathrm{d}z$$

就可写出

$$\int_{-\infty}^{\infty} f_2(t-\tau) \mathrm{e}^{-\mathrm{i}\omega t} \mathrm{d}t = \int_{-\infty}^{\infty} f_2(z) \mathrm{e}^{-\mathrm{i}\omega(s+\tau)} \mathrm{d}z$$

$$= \int_{-\infty}^{\infty} f_2(z) \mathrm{e}^{-\mathrm{i}\omega z} \mathrm{d}z \cdot \mathrm{e}^{-\mathrm{i}\omega\tau} = F_2(\omega) \mathrm{e}^{-\mathrm{i}\omega s}$$

因而得到

$$F(\omega) = \int_{-\infty}^{\infty} f_1(\tau) \mathrm{e}^{-\mathrm{i}\omega t} F_2(\omega) \mathrm{d}\tau = F_1(\omega) \cdot F_2(\omega)$$

即两个函数褶积的傅里叶变换等于这两个函数的傅里叶变换的乘积。如果采用式 (3-94)与式(5-4)的方式表示，则可表达为

$$\left. \begin{array}{l} f_1(t) \rightleftharpoons F_1(\omega), \quad f_2(t) \rightleftharpoons F_2(\omega) \\ f_1(t) * f_2(t) \rightleftharpoons F_1(\omega) \cdot F_2(\omega) \end{array} \right\} \tag{5-6}$$

把圆频率 ω 改用频率 f 来表示，则得

$$\left. \begin{array}{l} f_1(t) \rightleftharpoons F_1(f), \quad f_2(t) \rightleftharpoons F_2(f) \\ f_1(t) * f_2(t) \rightleftharpoons F_1(f) \cdot F_2(f) \end{array} \right\} \tag{5-7}$$

与此相反，几乎可以用同样的方法推导出两个函数 $f_1(t)$ 与 $f_2(t)$ 在时域上的乘积的傅里叶变换，就是每个函数的傅里叶变换 $F_1(\omega)$ 与 $F_2(\omega)$ 在频域上的褶积，即

$$\left. \begin{array}{l} f_1(t) \rightleftharpoons F_1(\omega), \quad f_2(t) \rightleftharpoons F_2(\omega) \\ f_1(t) \cdot f_2(t) \rightleftharpoons \dfrac{1}{2\pi} F_1(\omega) * F_2(\omega) \end{array} \right\} \tag{5-8}$$

或

$$f_1(t) \rightleftharpoons F_1(f), \quad f_2(t) \rightleftharpoons F_2(f) \atop f_1(t) \cdot f_2(t) \rightleftharpoons F_1(f) * F_2(f) \Bigg\} \tag{5-9}$$

5.2　数　据　窗

　　首先要考虑的是，从地震记录或数据中消除锯齿，使它尽可能变为光滑。为此，采取图 5-1 中的方法，求出以某采样点为中心，时间宽度为 b 的区间内采样值的平均值，并用它作为该中心点的采样值。用这样的方法一步一步地往后移动中心点，而时间宽度 b 保持不变，这样的方法称为滑动平均法。

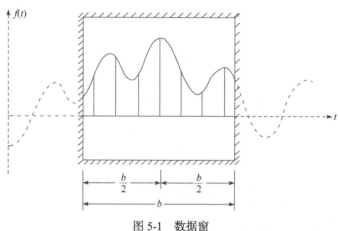

图 5-1　数据窗

　　对图 5-2(a)给出的例题波，分别取时间宽度 b 等于时间间隔 Δt 的 3 倍和 5 倍，施行滑动平均法，其结果分别见图 5-2(b)、(c)。在靠近波的左右两端，当时间宽度 b 超出记录的持续时间范围时，就要像以前介绍过的图 3-8(a)或图 3-9 那样，将波的头部与尾部连在一起，周期性地使用数据。从图 5-2 可见，如果时间宽度 b 越大，则波形就变得越光滑。考虑极端的情况，如果使 b 等于波的全长 T，则所取的值是全部数据的平均，所以滑动平均的结果是一个常数，也即整个波形没有凹凸不平，变成了一条直线。

　　现在考虑连续的时间函数 $f(t)$，取时间宽度 b 内的平均值作为中心点的函数值，可以写成下列式子

$$f_b(t) = \frac{1}{b} \int_{t-b/2}^{t+b/2} f(\tau) \mathrm{d}\tau \tag{5-10}$$

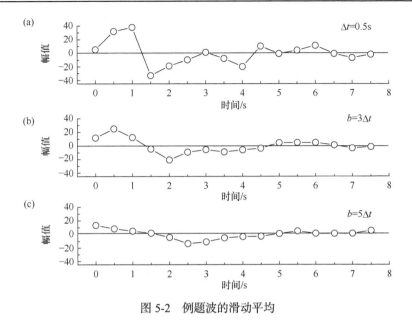

图 5-2 例题波的滑动平均

现在，研究由下列式子给出的时间函数 $w(t)$

$$\left.\begin{aligned} w(t) &= \frac{1}{b}, \quad |t| \leqslant \frac{b}{2} \\ w(t) &= 0, \quad |t| > \frac{b}{2} \end{aligned}\right\} \tag{5-11}$$

图 5-3 给出了这个函数的图形，是一个宽为 b、高度为 $1/b$、面积为 1 的矩形，叫做矩形脉冲。

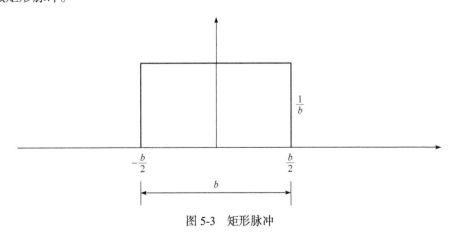

图 5-3 矩形脉冲

按函数的定义，显然有

$$w(t-\tau) = \frac{1}{b}, \quad t - \frac{b}{2} \leqslant \tau \leqslant t + \frac{b}{2} \Bigg\}$$

$$w(t-\tau) = 0, \quad \tau < t - \frac{b}{2}, \tau > t + \frac{b}{2} \Bigg\}$$

因此，移动平均法相当于计算褶积

$$f_b(t) = \int_{-\infty}^{\infty} f(\tau) w(t-\tau) \mathrm{d}\tau \tag{5-12}$$

如果打一个比方，可以把图 5-1 看成是一个用框围成的宽度为 b 的窗口，在窗框以外，什么也看不到，然后把从窗口中看到的值平均起来，作为窗中心的数值，像火车上的窗口，一步一步地移动着，这就是滑动平均法。这样，从窗口看到的数据序列意义上说，可把式(5-11)中的函数 $\omega(t)$ 叫做数据窗。在这种窗上镶嵌的是平面玻璃，所以看到的窗外景色并没有变样，这就相当于把窗口宽度范围内的数据等同地平均起来。另一种情况，也可以在窗上装一种透镜式的玻璃，使看到的数据中间变大，两侧变小，这是一种对数据取加权(weight)平均的窗，这种窗后面也会遇到。现在，对式(5-12)中的褶积进行傅里叶变换。按照 5.1 节中预备计算的叙述，便有

$$f(t) * w(t) \leftrightarrow F(f) \cdot W(f)$$

式中，$F(f)$ 为原来波形的傅里叶变换，$W(f)$ 为数据窗的傅里叶变换。也就是说，在时域以滑动平均法使数据平滑化，得到的谱相当于在原来波形的谱上乘以数据窗的傅里叶变换。

由于

$$W(f) = \int_{-\infty}^{\infty} w(t) \mathrm{e}^{-\mathrm{i}(2\pi f t)} \mathrm{d}t = \frac{1}{b} \int_{-\frac{b}{2}}^{\frac{b}{2}} \mathrm{e}^{-\mathrm{i}(2\pi f t)} \mathrm{d}t$$

$$= \left[-\frac{1}{\mathrm{i}(2\pi b b f)} \cdot \mathrm{e}^{-\mathrm{i}(2\pi f t)} \right]_{-\frac{b}{2}}^{\frac{b}{2}} = \frac{1}{\mathrm{i}(2\pi b f)} \left\{ \mathrm{e}^{\mathrm{i}(\pi b f)} - \mathrm{e}^{-\mathrm{i}(\pi b f)} \right\}$$

由式(3-55)得

$$W(f) = \frac{\sin \pi b f}{\pi b f} \tag{5-13}$$

将式(5-13)中的函数画成图形，如图 5-4 所示。

将原来的波形用滑动平均作平滑化处理，也就是对原来波形的谱乘以这种形状的函数，如果不考虑图 5-4 中画有斜线的部分，谱将随着频率 f 的增大而急剧减小，并且在 $f=1/b$ 处等于 0。所以移动平均法相当于一个低通滤波器，当它的窗宽为 b 时，对于频率高于 $1/b$(Hz)的振动分量，几乎很难通过。

　　在图 5-4 中画有斜线的、起伏小的部分为频率大于 $1/b$ 的高频部分，叫做边叶。现对例题波本身及经平均法平滑化后的波形，即图 5-2 中的(a)、(b)、(c)分别求功率谱，结果如图 5-5 所示，如果边叶的微小影响忽略不计，这些谱将分别在 $1/b$(Hz)附近终止。还有一个重要的情况可以从图 5-5 看出，滑动平均所用的数据窗逐步放宽，则谱的面积就渐渐变小。像前面曾经谈到过的那样，谱的面积可由波形的功率来表示，所以对波形用滑动平均法进行平滑化，它的一个重要特性就是使波的功率受到歪曲，在这个意义上说是不好的。

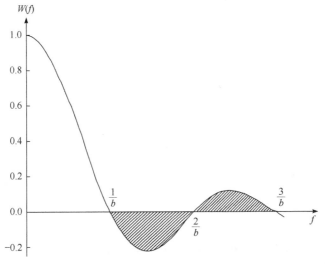

图 5-4　数据窗的傅里叶变换

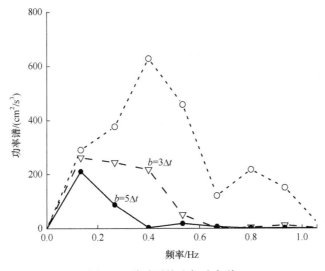

图 5-5　移动平均法与功率谱

5.3　谱　窗

下面，按滑动平均法对谱进行平滑化。就是说，滑动平均法在频域上也是适用的。现在以 $G(f)$ 为功率谱，将它与某频率函数相乘，取移动平均，则平滑化后的功率谱与式(5-12)完全相同，可以表示为下面的褶积

$$\bar{G}(f) = \int_{-\infty}^{\infty} G(g)W(f-g)\mathrm{d}g \qquad (5\text{-}14)$$

这样的频率函数 $W(f)$ 叫做谱窗。

由于进行了平滑化，原来波形的功率，即功率谱的面积发生了变化，这是不适当的。同时求某点的平均值时，两侧的数值必须对称地读取。因此，谱窗应该具备的特性是面积不变性与对称性。用公式表示如下：

$$\left.\begin{aligned} & \int_{-\infty}^{\infty} W(f)\mathrm{d}f = 1 \\ & W(f) = W(-f) \end{aligned}\right\} \qquad (5\text{-}15)$$

具备式(5-15)那样条件的函数有无数个。因此做多少个窗都可以，事实上已经有很多人提出了各种各样的窗。这里介绍几种理论上容易理解、实际使用又方便的谱窗。

1. 矩形脉冲

与前面图 5-3 中用作数据窗的矩形脉冲完全相同，但是这一次不是在时域上，而是在频域上，因此为

$$\left.\begin{aligned} & W(f) = \frac{1}{b}, \quad |f| \leqslant \frac{b}{2} \\ & W(f) = 0, \quad |f| > \frac{b}{2} \end{aligned}\right\} \qquad (5\text{-}16)$$

计算这个函数对横坐标轴的离散

$$\sigma^2 = \int_{-\infty}^{+\infty} W^2(f)\mathrm{d}f = \int_{-\frac{b}{2}}^{\frac{b}{2}} \left(\frac{1}{b}\right)^2 \mathrm{d}f$$

即

$$\sigma^2 = \frac{1}{b} \qquad (5\text{-}17)$$

2. 矩形窗

由下式

$$W(f) = 2u\left(\frac{\sin 2\pi uf}{2\pi uf}\right) \tag{5-18}$$

给出的频率函数称为矩形窗(rectangular window)。式中 u 为某常数，即

$$u = \text{const} \tag{5-19}$$

单位为 s。这种窗的形状见图 5-6(a)。它的特征是峰顶非常尖锐、边叶也大。为什么把这种形状的窗叫做矩形窗，留待以后再讲。

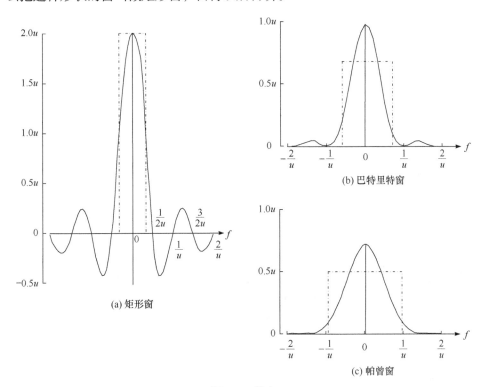

(a) 矩形窗

(b) 巴特里特窗

(c) 帕曾窗

图 5-6　谱窗

3. 巴特里特(Bartlett)窗

图 5-6(b)所示的形状的窗，可用函数

$$W(f) = u\left(\frac{\sin \pi uf}{\pi uf}\right)^2 \tag{5-20}$$

表示。与矩形窗相比，巴特里特窗的峰顶锐度减小、边叶也小。

4. 帕曾(Parzen)窗

由下式

$$W(f) = \frac{3}{4}u\left(\frac{\sin\dfrac{\pi uf}{2}}{\dfrac{\pi uf}{2}}\right)^{4} \tag{5-21}$$

表示帕曾窗，如图 5-6(c)所示。峰的形状十分平滑、边叶几乎没有。

如把式(5-18)、式(5-20)与式(5-21)写成一个统一的式子，得

$$W(f) \propto \left(\frac{\sin\dfrac{2\pi uf}{n}}{\dfrac{2\pi uf}{n}}\right)^{n}, \quad n = 1, 2, 4 \tag{5-22}$$

如 n 越大，则峰的宽度便随之加宽，边叶也随之变得很小。顺便提一下，在前面式(5-13)中已经出现过，其最一般形式为 $\sin\pi x / (\pi x)$ 的函数叫做绕射函数，也可以写成

$$\mathrm{dif}x \equiv \frac{\sin\pi x}{\pi x}$$

5. 汉宁(Hanning)窗和汉明(Hamming)窗

这两种窗，将放在讲数字滤波器时再讲。如果按照这些窗对谱做滑动平均，在矩形脉冲时，对某点两侧频率幅度为 b 的范围内取同样的平均值，作为这一点的值。可是，在矩形窗、巴特里特窗与帕曾窗等情况时，都取中心处大、高中心处小的加权平均值。图 5-6 中的曲线都表现了求这种平均值时的加权值。正如前面举例时已经讲过的那样，在第 1 种情况下，相当于镶上了平面玻璃，而在其他情况下，相当于镶上了透镜式的玻璃。

这些窗存在如下含义：只允许某种范围以内的频率分量通过，起着带通滤波器的作用。但是在矩形脉冲情况下，带宽 b 十分明显，而其他窗，带通滤波器的带宽为多大，就不太清楚。

在这里，有一个方便的方法，分别计算式(5-18)、式(5-20)、式(5-21)的函数离散，并把与它们离散相同的矩形脉冲的宽度分别看作各神窗的带宽。

例如，求式(5-18)的函数离散，则得

$$\sigma^{2} = \int_{-\infty}^{\infty} W^{2}(f)\mathrm{d}f = 4u^{2}\int_{-\infty}^{\infty}\left(\frac{\sin 2\pi uf}{2\pi uf}\right)^{2}\mathrm{d}f = 4u^{2}\cdot\frac{1}{2u}$$

即

$$\sigma^{2} = 2u \tag{5-23}$$

带宽为 b 的矩形脉冲离散，已经在式(5-17)中求出。因此，具有与式(5-23)相等离散的矩形脉冲的宽度 b 为

$$2u = \frac{1}{b}$$

$$b = \frac{1}{2u}(\text{Hz})$$

这就是式(5-18)中的函数，即矩形窗的带宽。可写成一般的式子

$$b = \frac{1}{\displaystyle\int_{-\infty}^{\infty} W^2(f)\mathrm{d}f} \tag{5-24}$$

根据这个式子，对其他窗的带宽也进行了计算，结果如表 5-1 所示，这些带宽已经在图 5-6 的有关窗中分别作出。

表 5-1　谱窗的带宽

窗的种类	带宽 b/Hz
矩形	$\dfrac{1}{2u}$
巴特里特	$\dfrac{3}{2u}$
帕曾	$\dfrac{280}{151u}$

由表 5-1 可见，在任何情况下，带宽 b(单位 Hz)都与常数 u(单位 s)成反比，常数 u 越小，带宽所取的平均有效范围就越宽，功率谱也就越平滑。图 5-7 是埃尔森特罗地震动功率谱的平滑化结果，使用的是带宽为 0.8 Hz 的帕曾窗。

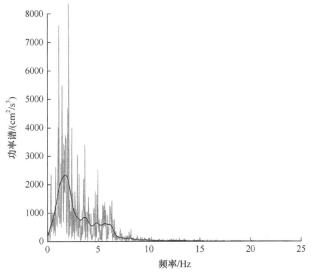

图 5-7　功率谱的平滑化

5.4　滞　后　窗

如在式(5.19)中所表明的那样，在自相关函数与功率谱之间存在着互为傅里叶变换对的关系

$$R(\tau) = \frac{1}{2\pi} \int_{-\infty}^{\infty} G(\omega) \cdot e^{i\omega\tau} d\omega$$

或

$$R(\tau) = \int_{-\infty}^{\infty} G(f) e^{i(2\pi f t)} df \tag{5-25}$$

现在令 $\bar{G}(f)$ 为功率谱 $G(f)$ 经谱窗平滑化后的结果，与相对应的自相关函数

$$\bar{R}(v) = \int_{-\infty}^{\infty} \bar{G}(f) e^{i(2\pi f \tau)} df$$

是 $\bar{G}(f)$ 的傅里叶逆变换。如将这个式中的 $\bar{G}(f)$ 改用式(5-14)的褶积代入，便得

$$\bar{R}(\tau) = \int_{-\infty}^{\infty} \left[\int_{-\infty}^{\infty} G(g) W(f-g) dg \right] e^{i(2\pi f \tau)} df$$

按照式(5-9)，两个函数在频域中的褶积的傅里叶逆变换等于每个函数的傅里叶逆变换在时域中的乘积，可写为

$$\bar{R}(\tau) = \int_{-\infty}^{\infty} G(f) e^{i(2\pi f \tau)} df \cdot \int_{-\infty}^{\infty} W(f) \cdot e^{i(2\pi f \tau)} df$$

参照式(5-25)，再把谱窗 $W(f)$ 的傅里叶逆变换写成

$$w(\tau) = \int_{-\infty}^{\infty} W(f) e^{i(2\pi f \tau)} df \tag{5-26}$$

则得

$$\bar{R}(\tau) = R(\tau) \cdot w(\tau) \tag{5-27}$$

也就是，与用谱窗平滑化后的功率谱相对应的自相关函数等于原形的自相关函数与谱窗的傅里叶逆变换函数 $w(\tau)$ 的乘积。

下面将式(5-26)进行积分，可求出前述各种谱窗的实际 $w(\tau)$，分别为

矩形窗

$$w(\tau)=\begin{cases}1, & |\tau|\leqslant u\\ 0, & |\tau|>u\end{cases} \tag{5-28}$$

巴特里特窗

$$w(\tau)=\begin{cases}1-\dfrac{|\tau|}{u}, & |\tau|\leqslant u\\ 0, & |\tau|>u\end{cases} \tag{5-29}$$

帕曾窗

$$w(\tau)=\begin{cases}1-6\left(\dfrac{\tau}{u}\right)^2+6\left(\dfrac{|\tau|}{u}\right)^3, & |\tau|\leqslant\dfrac{u}{2}\\[2ex] 2\left(1-\dfrac{|\tau|}{u}\right)^3, & \dfrac{u}{2}\leqslant|\tau|\leqslant u\\[2ex] 0, & |\tau|>u\end{cases} \tag{5-30}$$

把这些函数的图形画出来，如图 5-8 所示。矩形窗是一个长方形，巴特里特窗为一斜线，帕曾窗是一种变化缓慢的反 S 形窗，都属于时滞域中的一种窗。所以这样的函数 $w(\tau)$ 叫做滞后窗(lag window)。

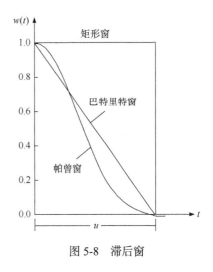

图 5-8　滞后窗

在任何情况下，窗的宽度都是 u，所以在时滞 τ 比 u 大的地方什么也看不见。对功率谱加设谱窗，也就等于将自相关函数在 $\tau=u$ 处截断、而对于在 $0\leqslant\tau\leqslant u$ 范围内的数值则乘上权 $w(\tau)$。在这个意义上，可把 u 称为时滞域上的截断宽度。在以前，如式(5-19)所示，一直把 u 当作单纯的常数来处理，实际上的含义也是这样的。此外，曾经把图 5-6 中给出的一种频域上的变化曲线叫做矩形窗，其理由也可以从图 5-8 中看出，因为在时滞域中它已经变成了矩形的滞后窗。

图 5-9 表示埃尔森特罗地震动的自相关函数乘上截断宽度 $u=3\,\mathrm{s}$ 的滞后窗后所得的结果。从以上所述可知，要对功率谱作平滑化，可以对原来波形的功率谱，直接用谱窗作移动平均，或先求出原来波形的自相关函数(也可以从原来波形直接求，即如前所述，在求得功率谱以后，反过来对它进行傅里叶逆变换)，然后乘以滞后窗，再将这个结果作傅里叶变换即可。

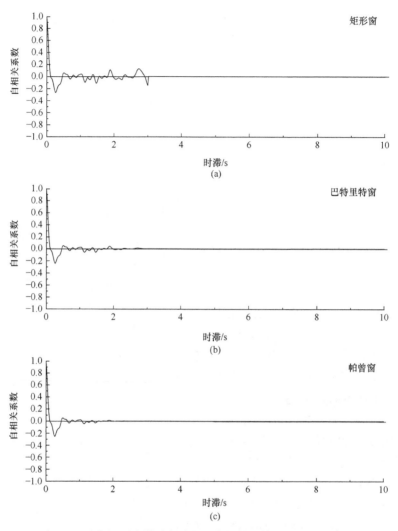

图 5-9　由滞后窗引起的自相关函数的变形

5.5　数字滤波器

迄今为止，见到的谱窗都是在频域上的连续函数。除此之外，有的谱窗能用离散的系数值来给出滑动平均时的加权值，专门称这样的谱窗为数字滤波器。

数字滤波器也有不同类型，其中最简单、使用最方便的一种要算汉宁窗。这个方法以

$$\overline{G}_k = 0.25G_{k-1} + 0.50G_k + 0.25G_{k+1} \tag{5-31}$$

作为平滑化的基础，即把某点的功率谱值 G_k 及其两侧相邻的值按 0.25、0.50、0.25 进行加权，取得平均结果来作为该点的功率谱值 $\bar{G}_k$。

如果有必要的话，还可把这样得到的加权平均为 $\bar{G}_k$ 的数列，再按式(5-31)进行平均。如增加这一类的平均化次数，就相当于把窗的宽度加宽，也就提高了平滑化的程度。

当重复应用式(5-31)时，可按下述方法求得加权系数，如图 5-10 所示，首先对第 0 次加权作出一条具有单位长度的纵向线。对第一次也即将式(5-31)使用一次时，将上述纵线长度改为 1/2，而在左右两侧各分配 1/4。如果再作下一次加权，可完全采用同样的操作画出一条条这样的纵线。换句话说，这时可把加权系数看作谱，只要按式(5-31)重复作滑动平均即可。如果作 n 次这样的平均，则在中心点两侧各有 n 个系数，合计可得 $2N+1$ 个系数，在这以外便为零。对于第 n 次中得到的 $2n+1$ 个系数，一般可用 $p_k\,(k=-n,\cdots,0,1,\cdots,n)$ 来表示

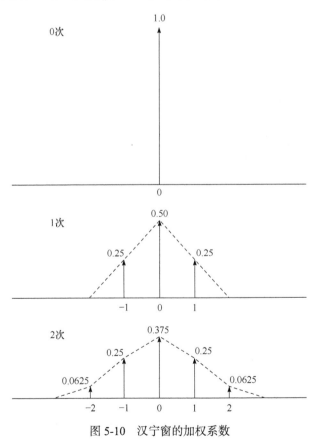

图 5-10　汉宁窗的加权系数

$$\left.\begin{array}{c} \sum_{k=-n}^{n} p_k = 1 \\[2mm] p_k = p_{-k} \end{array}\right\}$$

即总要保证面积不变性与对称性。p_k 的分布形状即为汉宁窗的形状和图 5-6(c)表示的帕曾窗十分相似，当 n=10 次以上时，实质上几乎完全一致。

对于带宽为 b 的汉宁窗，考虑 p_k 的离散值时，可按与式(5-24)相同的等式

$$b = \frac{1}{\sum_{k=-n}^{t} p_k^2} \tag{5-32}$$

计算。作者发现，随着平均次数的增加，带宽也增加的关系式，当谱的离散频率间隔为 Δf (Hz)时，在次数 n 与带宽 b(Hz)之间存在一个简单的关系

$$b = \frac{3}{8}\sqrt{n} \cdot \Delta f \tag{5-33}$$

还有，当采用这一类窗来作功率谱的平滑化时，在接近谱的两端处，窗宽就要超出谱的范围。在这种情况下，由图 3-6 或图 3-7 可知，可以利用谱的折叠关系，把在谱的两侧经折叠得到的图形连接起来。

还有一种数字滤波器，它和汉宁窗非常相似，这就是汉明窗。它只要把式(5-31)中的加权系数稍加变更，使

$$\bar{G}_k = 0.23 G_{k-1} + 0.54 G_k + 0.23 G_{k+1} \tag{5-34}$$

即可。

顺便提一下，汉宁窗的 Hanning 也许会被误解成是式(5-31)提出者的姓名，事实并不如此。提出人的名字不是 Hanning，而是 Julius von Hanno。依照作者的想象，这与式(5-34)的汉明(Hamming，是作为 R. W. Hamming 的名字列出来的)的声调混在一起，就这样叫起来了。

5.6　谱窗的选择

到 5.5 节为止，虽然已经谈到了几种谱窗，但是采用它们中间哪一种合适，却是一个相当困难的问题。在讨论这个问题之前，必须先搞清有关谱平滑化的两件事。

一个是原来的谱值和平滑化后值之间的差。谱的平滑化总不免要削修填谷，从而使整个波形变得平缓，因此不能不产生误差，只能希望这种误差尽可能小一些。这类误差叫做平滑化的偏差。在图 5-6 的那些窗中，峰越尖锐，偏差就越小，

而峰越平缓，这种偏差就越大。

另一个是边叶的影响。凡是边叶大的，在平滑化时，某一点的谱值，也即对离得远的频率处的平均值，也有不小的影响。这一类现象意味着把远处的影响漏泄过来，所以叫做漏泄，图 5-6 中的矩形窗漏泄大，而帕曾窗就几乎没有漏泄。

前面已经讲过，一般采用式(5-22)那样的形式来表示谱窗。从这个式子看，如口小，偏差也小，可是漏泄却大；如 n 变大，则漏泄就小，而偏差就增大。于是偏差与漏泄就不能同时都得到满足。因而哪一种窗好，不能一概而论，要随平滑化的目的与谱的原来形状而异。

但是矩形谱的边叶也未免太大了，在平滑化后有时甚至会使谱的值出现负值。因而在一般情况下，难怪对这类窗要敬而远之了。曾对实际地震动的谱试用过巴特里特窗与帕曾窗，两者没有明显的差别，但是总觉得用帕曾窗平滑后形态好看，而且在前面也曾提到过，数字滤波器的惰性与它十分相似，因此在下面的谱平滑化程序中采用了帕曾窗。

实际上，还有一个比偏差或漏泄更大的问题，即应该怎样去选择带通滤波器的带宽。如带宽过窄，经平滑后的谱仍然峰谷过多，哪一个是谱的真实峰点还是不清楚的；如带宽过大，谱就过于光滑，峰的位置更不明显，甚至还会把重要的峰点削去。这种情况，只要看一下图 5-11，就容易理解了。因此，窗的带宽必须根据具体的波形情况与分析目的作出适当的决定。

为此，开始先取大的带宽，也就是把窗开得大些，并把平滑化后的谱绘出来。接着，再把窗逐次地关得小一些，就是说把带宽逐次地变小，并且同样地把这些谱画出来。然后观察比较这些结果，就可大体上决定哪一个带宽是适宜的。这种方法应用起来很方便，我们称为关窗法。图 5-11 是对埃尔森特罗地震动傅里叶谱采用帕曾窗进行关窗法处理后所得的结果，图中带宽从 1.2 Hz 到 0.4 Hz。

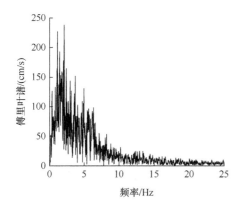
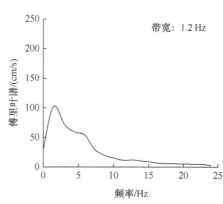

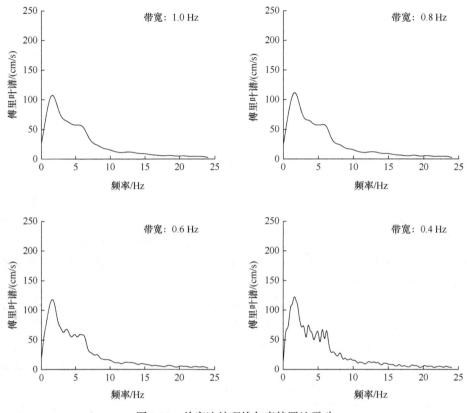

图 5-11　关窗法处理埃尔森特罗地震动

第6章 反应谱的计算

6.1 单质点系的振动

为便于理解，在讲反应谱之前，首先讲述最简单的单质点系的振动理论。单质点系的理论，几乎每本振动教材中都有，多数读者已经十分熟悉，这里不再细讲了。反应谱就是以单质点系的振动为基础建立起来的。在今后的讲解中，反应谱的概念也是从单质点系的分析结果逐步地引用与发展起来的。为此，这里仍有必要对最起码的内容给予介绍。

单质点系的常用振动模型如图 6-1(a)所示，是一个质量为 m 的质点，由并联的弹簧与阻尼器支撑在地基上。m 表示建筑物类的重量，弹簧代表当建筑物摇动时使建筑物恢复原来状态的弹性力，阻尼器表示建筑物做自由振动时使振动逐渐变小的衰减机能。

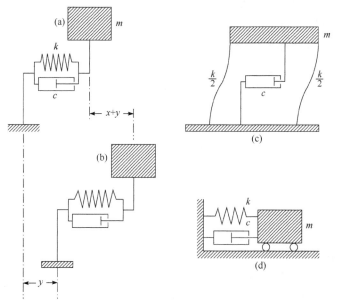

图 6-1 单质点系震动模型

设质点对地面的相对运动为 x，即相对位移为 x。弹簧的恢复力与 x 成比例，等于 kx，这个比例常数 k 叫做弹簧常数。所谓阻尼器，就是在注有黏性油的圆筒中，放入稍留有少量间隙的活塞，当活塞在这样的容器中以一定的速度运动时，就会遇到与速度成比例的黏性阻力。设质点的位移为 x，于是活塞的位移也为 x，因而活塞的速度为 dx/dt，可简单地写成 $\dot{x}$。由于黏性阻力与速度成比例，把它写成 $c\dot{x}$，比例常数 c 叫做衰减系数。归纳起来

m：质量　　　（单位：tf·s²/cm）

k：弹簧常数（单位：tf/cm）

c：衰减系数（单位：tf·s/cm）

其中，质量的单位是由重量(单位 tf[①])除以重力加速度(单位：cm/s²)得来的。单质点模型实际上是将相当复杂的结构物用组合起来的力学要素表示出来，尽管比较简单，却能够在某种程度上对实际结构物的振动情况作出满意的说明，所以在分析中经常用到。

现在还要加上一个限制，使图 6-1 中的质量 m 不能上下运动，也不能扭转与转动，只能沿着纸面内做水平方向的运动。因此自由很受限制，只可以在一个方向上自由运动，所以叫做单自由度系。质点的支承部位如发生弯曲变形，就要引起质点的转动，因此，这里支承部位只允许产生纯粹的剪切变形。从这个意义出发，图 6-1(a)的表示方法大概是不适当的，也许非用图 6-1(c)或(d)来表示不可。采用图 6-1(c)那种模型的教材是很多的，但在图 6-1(c)中，当质点做横向运动时，仍有可能做轻微的上下运动。因此，也许只有图(d)才是严密地表示单自由度系的最好的方法。然而却像把结构物模型放在车上，怎么也不能得到实感。

现在按照图 6-1(a)的表示法，如图 6-1(b)所示，说地面首先发生位移 y，然后质点对地面也发生了位移 x，则

$x+y$：绝对位移

x：相对位移

分别对绝对位移与相对位移求时间的一次求导，得到绝对速度与相对速度；再求一次导，分别得到质点的绝对加速度与相对加速度。显然，地面速度与地面加速度分别为 $\dot{y}$ 及 $\ddot{y}$。并且，不论是位移、速度还是加速度，凡是方向向着图的右侧的都是正的，凡是向左侧的都是负的。力的方向也是以向右作用时为正，向左作用时为负。

现在来谈这个质点系的运动问题。运动与力的关系是由牛顿首先创立的，这就是众所周知的牛顿的运动三定律。

设加速度为 a，作用力为 F，则牛顿第二定律可用公式

$$a \propto F$$

----

① 1tf=9.80665×10³N。

来表示，设比例常数为 $1/m$，就可写为

$$a = \frac{1}{m}F \qquad (6\text{-}1)$$

或

$$F = ma \qquad (6\text{-}2)$$

式(6-1)中的比例常数的倒数 m 为质量。如问什么是质量，不容易给出准确的回答，其实表示牛顿第二定律的式(6-1)，已经对质量作出了定义。式(6-2)也叫做运动方程。

把式(6-2)的运动方程改写成

$$(-ma) + F = 0 \qquad (6\text{-}3)$$

在形式上可以看作 $-ma$ 与 F 这两个力处于平衡。这时称 $-ma$ 为惯性力或惯性抵抗力。

这样，当物体做加速运动时，就含有假想的惯性力，若考虑到力的平衡，就能把运动的现象，当作静止的平衡问题来处理。这就是达朗贝尔(D'Alembert)原理。把式(6-2)改写为式(6-3)，在数学上只不过是一个简单的移项，但在物理上具有深刻的含义(可以说成是，用静止的方法来考虑动的问题)，对于这一点希望读者能仔细地想一想。

可是，在图 6-1(b)的情况下，质点的加速度为 $\ddot{x} + \ddot{y}$，因此惯性力为 $-m(\ddot{x} + \ddot{y})$，与之相对应，弹簧的恢复力与阻尼器的黏性阻力也都是向左作用的，由此便得运动方程为

$$-m(\ddot{x} + \ddot{y}) - c\dot{x} - kx = 0$$

或

$$m(\ddot{x} + \ddot{y}) + c\dot{x} + kx = 0 \qquad (6\text{-}4)$$

再稍作变化，就可写成

$$m\ddot{x} + c\dot{x} + kx = -m\ddot{y} \qquad (6\text{-}5)$$

6.2　无阻尼自由振动

上述运动方程在数学上是一个质点相对位移为 x 的二阶线性微分方程。因此为了求解这个方程，可以先从最简单的情况开始，设地面固定不动，此时

$$\ddot{y} = 0$$

只有模型在振动，而且没有阻尼

$$c = 0$$

这就是所谓的无阻尼自由振动。这时的振动微分方程可由式(6-5)推得

$$m\ddot{x} + kx = 0$$

如用 m 相除，且令

$$\frac{k}{m} = \omega^2 \tag{6-6}$$

则得

$$\ddot{x} + \omega^2 x = 0 \tag{6-7}$$

这个方程的解为

$$x = A\cos\omega t + B\sin\omega t \tag{6-8}$$

如将它代入原来式子中，很容易得到证实。式中的 A、B 为积分常数，须由运动开始的瞬间 $t = 0$ 时，质点处于怎样一种状态——初始条件来决定。但是不管 A、B 取什么样的值，式(6-8)是由 $\cos\omega t$ 与 $\sin\omega t$ 组成的，因此可以断定是一个以 ω 为圆频率的振动。而且，由式(6-6)可得

$$\omega = \sqrt{\frac{k}{m}} \ (\text{rad/s})$$

所以，ω 只决定于单质点系的质量与弹簧常数。归根到底它是质点系的固有值，因此称 ω 为系的固有圆频率，或称

$$f = \frac{\omega}{2\pi} \ (\text{Hz})$$

为固有频率，并称

$$T = \frac{1}{f} \ (\text{s})$$

为固有周期，但是现在考虑的是无阻尼情况，以后将讲到，在有阻尼场合下频率或周期稍有不同。因此在有必要进行严格的区别时，就须把它们分别叫做无阻尼固有圆频率、无阻尼固有频率、无阻尼固有周期等。

　　将式(6-8)对时间求一次导，得出速度的一般式

$$\dot{x} = -A\omega\sin\omega t + B\omega\cos\omega t \tag{6-9}$$

作为初始条件，可以给出

$$x(0) = x_0 \ , \quad \dot{x}(0) = \dot{x}_0$$

也即质点从初位移为 x_0 处、以初速度 $\dot{x}_0$ 开始运动，以后就开始自由振动。根据这个条件，设 $t = 0$，于是式(6-8)为

$$x_0 = A$$

式(6-9)便为

$$\dot{x}_0 = B\omega$$

即积分常数 A、B 为

$$\left.\begin{aligned} A &= x_0 \\ B &= \frac{\dot{x}_0}{\omega} \end{aligned}\right\} \tag{6-10}$$

把它代入式(6-9)，就得到了任意时间 t 时的速度表达式

$$\dot{x} = -x_0\omega\sin\omega t + \dot{x}_0\cos\omega t$$

或者参照第 3 章中式(3-41)的方法，也可以写成

$$\left.\begin{aligned} \dot{x} &= \sqrt{(x_0\omega)^2 + \dot{x}_0^2}\cos(\omega t + \phi) \\ \phi &= \arctan\left(\frac{x_0\omega}{\dot{x}_0}\right) \end{aligned}\right\} \tag{6-11}$$

6.3　阻尼自由振动

现在来讨论存在阻尼情况下的一个自由度的单质点系。仍然假定地面固定不动，这时，由于有阻尼存在，$c \neq 0$，运动方程(6-5)变为

$$m\ddot{x} + c\dot{x} + kx = 0 \tag{6-12}$$

如用 m 除方程的各项，并使

$$\frac{c}{m} = 2h\omega, \quad \frac{k}{m} = \omega^3 \tag{6-13}$$

则得

$$\ddot{x} + 2h\dot{x} + \omega^2 x = 0 \tag{6-14}$$

其中，$k/m = \omega^2$ 与前面的无阻尼情况相同，因此 ω 为无阻尼固有频率。式(6-14)也是二阶线性常微分方程，由于出现了 $\dot{x}$ 项，解起来就不如式(6-7)那么简单。但是这样的微分方程也有固定的解法。首先，假设式(6-14)的解为

$$x = Ce^{\lambda t} \tag{6-15}$$

C 与 λ 均为常数，虽然目前还不知道它们的具体值，但是可以用这样的常数与时间 t 的指数函数的乘积来表示式(6-14)的解。将该式代入式(6-14)，便得

$$\lambda^2 + 2h\omega\lambda + \omega^2 = 0 \tag{6-16}$$

这个式子能用来决定常数 λ 的值，甚至同时也决定了微分方程解的性质。因而这

个式子也叫做微分方程(6-14)的特征方程。这个特征方程是 λ 的二次代数方程，它的根可以简单地求出

$$\lambda_{1,2} = -h\omega \pm \omega\sqrt{h^2 - 1} \tag{6-17}$$

为两个根。如用式(6-13)中的系数来表示，就可写成

$$\lambda_{1,2} = -\frac{c}{2m} \pm \sqrt{\left(\frac{c}{2m}\right)^2 - \frac{k}{m}} \tag{6-18}$$

这样，由于 λ 的值通常有两个，将这两个 λ 值代入式(6-15)中，取它们的和就得到式(6-14)的解，即

$$x = C_1 e^{\lambda_1 t} + C_2 e^{\lambda_1 t} \tag{6-19}$$

式中，C_1 与 C_2 为积分常数，由运动的初始条件来决定。总之，式(6-19)是微分方程(6-14)的解，只要把它直接代入式(6-14)，并参照式(6-17)，就不难证明。可是，由式(6-19)给出的运动方式，会因为式(6-18)中根号内数值的正负而有很大的差异。首先研究

$$\left(\frac{c}{2m}\right)^2 > \frac{k}{m}$$

的情况。这时，c 要比 k 大得多，即阻尼器比弹簧的作用大得多。这时，在式(6-18)中，括号内 c 的值为正，于是 λ 的两个值皆为实数，但由于是负实数，所以式(6-19)变为

$$x = C_1 e^{-|\lambda_1| t} + C_2 e^{-|\lambda_2| t}$$

位移 x 将随时间而减小。表现出好像在阻尼器中注入了糖浆一类又黏又浓的黏性物质，质点刚一开始运动就像马上要回到原来的位置，以致不能产生振动的现象。这一类现象发生在阻尼比弹簧大得多时，叫做过阻尼，这时质点的运动是非周期的。

与此相反的情况是

$$\left(\frac{c}{2m}\right)^2 < \frac{k}{m} \tag{6-20}$$

后面要讲到，这时质点将做周期的振动。而当式(6-18)的根为零时，正好处于振动与不振动的边缘上。这时的阻尼强度叫做临界阻尼。现设 $c_{临界}$ 为临界阻尼状态下的阻尼系数，因为这时式(6-18)中的根号值为零，故

$$\left(\frac{c_{临界}}{2m}\right)^2 = \frac{k}{m}$$

所以

$$c_{临界} = 2\sqrt{km} \qquad\qquad (6\text{-}21)$$

由于前面在式(6-13)中，曾经有过

$$\frac{c}{m} = 2h\omega$$

所以

$$h = \frac{c}{2\sqrt{km}}$$

因此，参照式(6-21)，可知

$$k = \frac{c}{c_{临界}}$$

即常数 h 表示质点系的实际阻尼对临界阻尼之比。因而可称 h 为临界阻尼比。在式(6-13)中，把 h 作为单纯的常数写出来，似乎只是为了书写方便而引入的，但 h 具有重要的含义。尽管从物理意义来说，临界阻尼比的名词是很合适的，但也常称它为阻尼常数(damping factor)。实际上，往往更喜欢这种叫法。

建筑物的阻尼常数 h：钢结构为 0.02，即 2%左右，钢筋混凝土结构为 5%，钢骨架钢筋混凝土结构在两者之间，大约为 3%。总而言之

$$h < 1$$

甚至

$$h \ll 1 \qquad\qquad (6\text{-}22)$$

因而，式(6-17)中根号内的数值通常为负值，所以 λ

$$\lambda_{1,2} = -h\omega \pm \mathrm{i}\omega\sqrt{1-h^2}$$

为一共轭复数。关于共轭复数，已经在有限傅里叶级数中讲过。把它代入式(6-19)，便有

$$x = C_1 \mathrm{e}^{(-h\omega + \mathrm{i}\omega\sqrt{1-h^2})t} + C_2 \mathrm{e}^{(-h\omega - \mathrm{i}\omega\sqrt{1-h^2})t}$$

$$= \mathrm{e}^{-h\omega t}(C_1 \mathrm{e}^{\mathrm{i}\omega\sqrt{1-h^2}} + C_2 \mathrm{e}^{-\mathrm{i}\omega\sqrt{1-h^2}})$$

进一步利用前述的欧拉公式(3-54)，即得

$$x = \mathrm{e}^{-h\omega t}\left[(C_1 + C_2)\cos\omega\sqrt{1-h^2}\,t + \mathrm{i}(C_1 - C_2)\sin\omega\sqrt{1-h^2}\,t \right]$$

显然，这是表示振动现象的解。但是，x 为质点的位移，从物理上讲，必须是实数。但是积分常数 C_1 与 C_2 是任意的，为了使 $(C_1 + C_2)$ 与 $\mathrm{i}(C_1 - C_2)$ 同为实数，它们必须互为共轭。

因此，可改写为

$$C_1 + C_2 = A$$
$$\mathrm{i}(C_1 - C_2) = B$$

于是，运动方程(6-14)的解为

$$x = \mathrm{e}^{-h\omega t}\left(A\cos\omega\sqrt{1-h^2}\,t + B\sin\omega\sqrt{1-h^2}\,t \right) \tag{6-23}$$

或者，按照多次用过的方法，可写为

$$x = X\mathrm{e}^{-h\omega t}\cos\left(\omega\sqrt{1-h^2}\,t + \phi \right)$$

$$X = \sqrt{A^2 + B^2}$$

$$\phi = \arctan\left(-\frac{B}{A} \right)$$

式中，振动的振幅为 $X\mathrm{e}^{-h\omega t}$，圆频率为 $\omega\sqrt{1-h^2}$。由此可见，在阻尼的作用下，振幅随时间按指数曲线减小。这里圆频率为

$$\omega_\mathrm{d} = \omega\sqrt{1-h^2}$$

称为阻尼固有圆频率，因为它只决定于质点系的质量 m、弹簧常数 k 与阻尼系数 c，所以它仍然是系的固有值。由于阻尼的英文名称叫 damping，为了与无阻尼情况相区别，在 ω 的右下角标加一个下标 d。类似地

$$T_\mathrm{d} = \frac{2\pi}{\omega_\mathrm{d}} = \frac{2\pi}{\omega\sqrt{1-h^2}}$$

或

$$T_\mathrm{d} = \frac{T}{\sqrt{1-h^2}} \tag{6-24}$$

称为阻尼固有周期。在这些公式中，按 6.2 节所述，ω 与 T 分别为无阻尼固有圆频率与无阻尼固有周期。可见，有了阻尼，固有频率就减小，固有周期就增大。但犹如式(6-22)所表明的那样，在通常的结构中，$h \ll 1$，所以它们间的这种差别

十分小，由阻尼产生的固有频率与固有周期的变化，在实际应用中完全可以忽略不计。

下面，将式(6-23)写成

$$x = e^{-h\omega t}\left(A\cos\omega_d t + B\sin\omega_d t\right) \tag{6-25}$$

把它对 t 求导一次，得速度

$$\dot{x} = -h\omega e^{-h\omega t}\left(A\cos\omega_d t + B\sin\omega_d t\right) - \omega_d e^{-h\omega t}\left(A\sin\omega_d t - B\cos\omega_d t\right)$$

作为初始条件，设

$$x(0) = 0 , \quad \dot{x}(0) = \dot{x}_0$$

这里，当 $t = 0$ 时，质点从静止位置以初速度 $\dot{x}_0$ 突然运动，求以后的运动。首先在位移公式(6-25)中，设 $t = 0, x = 0$，则 $A = 0$。因此速度公式可简化成

$$\dot{x} = e^{-h\omega t}\left(-h\omega B\sin\omega_d t + \omega_d B\cos\omega_d t\right)$$

令 $t = 0$ ，$\dot{x}(0) = \dot{x}_0$，便得

$$B = \frac{\dot{x}_0}{\omega_d}$$

在这里已决定了积分常数。因此，从式(6-25)解出位移的公式为

$$x = \frac{\dot{x}_0}{\omega_d} e^{-h\omega t}\sin\omega_d t \tag{6-26}$$

接着对时间 t 求导一次，可得出速度的表达式

$$\dot{x} = \frac{\dot{x}_0}{\omega_d} e^{-h\omega t}\left(-h\omega\sin\omega_d t + \omega_d\cos\omega_d t\right) \tag{6-27}$$

图 6-2 画出了当阻尼常数 h = 2%、5%、10%时，由式(6-26)表示的单质点系的阻尼振动的曲线。由此不难明白，当阻尼大时，振动衰减就快，而阻尼小时，振动就能持续进行。

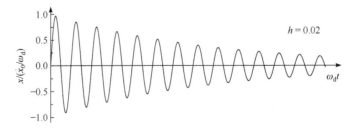

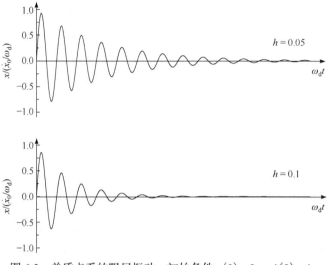

图 6-2　单质点系的阻尼振动：初始条件 $x(0) = 0$ ，$\dot{x}(0) = \dot{x}_0$

6.4　冲 击 振 动

假设对某静止状态的单自由度阻尼质点系，在极短的时间 Δt 内作用一力 F 。力与作用时间的乘积叫做冲量。在图 6-3 中，阴影部分表示一简单冲量的作用情况。现令在冲量作用结束的瞬间为 $t = 0$ 。

$$I = F \Delta t$$

根据动力学，质量与速度的乘积为动量，动量的变化应等于作用的冲量。因此，在没有冲量作用的情况下，动量保持不变。实际上这和前面提到过的牛顿第二运动定律是一个意思。动量守恒原理与牛顿第二定律是完全一致的。

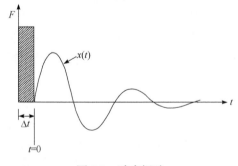

图 6-3　冲击振动

在这里，可将动量的变化等于冲量表示为

$$m\dot{x} = F\Delta t \tag{6-28}$$

于是当 $t = 0$ 时，质点得到的初速度为

$$\dot{x}_0 = \frac{F\Delta t}{m} = \frac{I}{m}$$

又因 Δt 为一微量，对式(6-28)求一次积分后，便得

$$mx = \frac{1}{2}F(\Delta t)^2$$

由于 Δt 与原来一样，是一个微量，因此这个式子就是它的二阶微量，相当于一个高阶微量。因此，现在可以把 $t = 0$ 时的初始位移看成 $x_0 = 0$。这样，质点系在图 6-3 中所示的冲击力作用下，在 $t = 0$ 以后是初始条件为

$$\left.\begin{array}{l} x(0) = 0 \\ \dot{x}(0) = \dfrac{I}{m} \end{array}\right\} \tag{6-29}$$

的自由振动。这种自由振动的解，已经在前面求出过，就是式(6-26)

$$x = -\frac{\dot{x}_0}{\omega_{\mathrm{d}}}\mathrm{e}^{-h\omega t}\sin\omega_{\mathrm{d}}t$$

现在若把式(6-29)的初速度代入上式，就得到

$$x(t) = \frac{I}{m\omega_{\mathrm{d}}}\mathrm{e}^{-h\omega t}\sin\omega_{\mathrm{d}}t \tag{6-30}$$

这个解，表明质点系在冲击力作用下的反应，也就是所求出的反应。由式(6-30)表示的位移为简单冲击力作用下的反应位移或者位移反应。同样，按式(6-27)，可得速度反应

$$\dot{x}(t) = \frac{1}{m\omega_{\mathrm{d}}}\mathrm{e}^{-h\omega t}\left(-h\omega\sin\omega_{\mathrm{d}}t + \omega_{\mathrm{d}}\cos\omega_{\mathrm{d}}t\right) \tag{6-31}$$

参照式(6-30)，可以用 $\zeta(t)$ 表示体系对于单位冲量的反应

$$\zeta(t) = \frac{1}{m\omega_{\mathrm{d}}}\mathrm{e}^{-h\omega t}\sin\omega_{\mathrm{d}}t \tag{6-32}$$

$\zeta(t)$ 叫做质点系的冲量反应函数或脉冲反应函数。

6.5　叠加积分

在 6.4 节中，对简单脉冲作用下的质点系进行了研究。它的结果，对于图 6-4

中所示的、随时间变化的力作用于质点系的情况也是适用的。为此，首先把图中表示力的曲线下的面积按微小时间间隔 $\mathrm{d}t$ 分割成纵向的矩形狭条，来研究任意力函数 $F(t)$ 作用在无限小时间间隔内的冲量关系。这种关系可比喻为列车车厢通过那样，可以叫做脉冲序列。于是，这样一个一个的脉冲按照式(6-30)的关系支配着以后的振动，它的总和就是在任意时刻 t 时的振动。

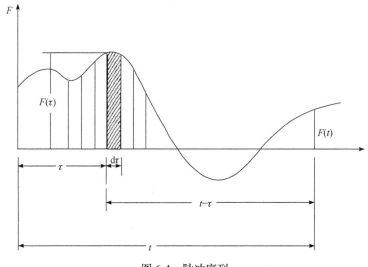

图 6-4　脉冲序列

在式(6-30)中，代入

$$I = F(t)\mathrm{d}t$$

则图 6-4 中画有斜线的一个任意脉冲作用下所产生的位移为

$$\mathrm{d}x(t) = \frac{F(\tau)\mathrm{d}\tau}{m\omega_{\mathrm{d}}} \mathrm{e}^{-\hbar\omega(t-\tau)} \sin \omega_{\mathrm{d}}(t-\tau)$$

式中，t 为所求反应的时间，τ 为脉冲作用的时间，因此 $t-\tau$ 为从脉冲作用起所经过的时间。

时间 t 时的实际反应是从时间 $\tau = 0$ 到 $\tau = 1$ 时所有脉冲反应的总和。因而，在任一时间 t 时的位移反应等于把上式从 0 到 t 作累加求和，即等于积分

$$x(t) = \int_0^t \frac{F(t)}{m\omega_{\mathrm{d}}} \mathrm{e}^{-h\omega(t-\tau)} \sin \omega_{\mathrm{d}}(t-\tau)\mathrm{d}\tau \tag{6-33}$$

如上所述，τ 在物理上是脉冲作用的时间，在数学上则是式(6-33)的积分过程中的媒介变量，经积分后便消失了。式(6-33)称为叠加积分或杜阿梅(Duhamel)积分，这种由随时间变化的力所引起的现象叫做过渡现象，用叠加的自由振动来表示，具有重要意义。

与式(6-33)的情况一样，按照式(6-31)，可以得到速度反应

$$\dot{x}(t) = \int_0^t \frac{F(\tau)}{m\omega_d} e^{-h\omega(t-\tau)} \left[-h\omega \sin \omega_d(t-\tau) + \omega_d \cos \omega_d(t-\tau) \right] d\tau \qquad (6\text{-}34)$$

这里不必再作说明。

如用式(6-32)的脉冲反应函数表示式(6-33)，则得

$$x(t) = \int_0^t F(\tau)\zeta(t-\tau)d\tau \qquad (6\text{-}35)$$

为函数 $F(t)$ 与 $\zeta(t)$ 的褶积。关于褶积，已经在第 5 章谱的平滑化中讨论过，现在对式中的 $\zeta(t)$ 下一个更为准确的定义，即

$$\left. \begin{array}{ll} \zeta(t) = \dfrac{1}{m\omega_d} e^{-h\omega t} \sin \omega_d t, & t \geqslant 0 \\ \zeta(t) = 0, & t < 0 \end{array} \right\}$$

如果说这是当然的事，那么当 $t < 0$ 时，$\zeta(t) = 0$，这也就是俗话所说的，结果不会发生在原因之前，它代表了一种因果律。通常，将 $t < 0$ 时函数值等于 0 的时间函数称为因果性时间函数。

6.6　地震动的反应

当地面以加速度 $\ddot{y}(t)$ 运动时，固定在地面上的单质点黏滞阻尼系的运动方程，就是前面提到的式(6-4)，即

$$m(\ddot{x} + \ddot{y}) + c\dot{x} + kx = 0 \qquad (6\text{-}36)$$

或

$$m\ddot{x} + c\dot{x} + ky = -m\ddot{y} \qquad (6\text{-}37)$$

设 $\ddot{y}(t)$ 为地震动的加速度，这就是单质点系受地震动作用时的运动方程，式(6-37)右边的 $-m\ddot{y}$ 为地震动的惯性力。虽然前面已经提到过达朗贝尔原理，但是对于从式(6-36)到式(6-37)的变化，仍旧希望予以特别的注意。式(6-36)表示动的状态，而式(6-37)则表示地面已在空间固定不动，而用惯性力来代替地面的作用，而且这个力与系的恢复力、抵抗力相平衡，从而变成了静止状态的概念。

如果使用前面提到过的记号，式(6-36)可以写成

$$\ddot{x} + \ddot{y} = -2h\omega\dot{x} - \omega^2 x \qquad (6\text{-}38)$$

惯性力是一种作用在质点上时刻变化的力。因而，现在可把它表示为

$$-m\ddot{y} = F(t)$$

于是式(6-37)变为

$$m\ddot{x} + c\dot{x} + kx = F(t)$$

这个方程的解也即质点在任意力 $F(t)$ 作用下，在任一时刻的相对位移 $x(t)$ ，已经在 6.5 节中用叠加积分求得。这就是式(6-33)，即

$$x(t) = \int_0^t \frac{F(\tau)}{m\omega_d} e^{-h\omega(t-\tau)} \sin\omega_d(t-\tau)\mathrm{d}\tau$$

这里，可把 $F(t)$ 换为 $-m\ddot{y}(\tau)$ ，得

$$x(t) = -\frac{1}{\omega_d} \int_0^t \ddot{y}(\tau) e^{-h\omega(t-\tau)} \sin\omega_d(t-\tau)\mathrm{d}\tau \tag{6-39}$$

这就是单质点黏滞阻尼系对地震动的位移反应。$x(t)$ 为对于地面的相对位移，如果说得准确些，是相对位移反应。同样，地震动的速度反应，如果说得准确些，为相对速度反应，根据式(6-34)为

$$\dot{x}(t) = -\frac{1}{\omega_d} \int_0^t \ddot{y}(\tau) e^{-h\omega(t-\tau)} \left[-h\omega\sin\omega_d(t-\tau) + \omega_d\cos\omega_d(t-\tau) \right]\mathrm{d}\tau \tag{6-40}$$

至于地震动的加速度反应，由于 x 与 $\dot{x}$ 已经求得，只要将它们代入式(6-38)，可得

$$\begin{aligned}
\ddot{x}(t) + \ddot{y}(t) &= \frac{\omega^2(1-2h^2)}{\omega_d} \int_0^t \ddot{y}(\tau) e^{-h\omega(t-\tau)} \sin\omega_d(t-\tau)\mathrm{d}\tau \\
&\quad + 2h\omega \int_0^t \ddot{y}(\tau) e^{-h\omega(t-\tau)} \cos\omega_d(t-\tau)\mathrm{d}\tau
\end{aligned} \tag{6-41}$$

这就是作用在质点上的绝对加速度，说得准确些，是绝对加速度反应。式(6-41)也可由式(6-40)直接求导得到。

对于上面求得的式(6-39)、式(6-40)与式(6-41)，参照式(6-24)稍作变化后，就可写成统一的形式

$$\left.\begin{aligned}
x(t) &= -\frac{1}{\omega_d} \int_0^t \ddot{y}(\tau) e^{-h\omega(t-\tau)} \sin\omega_d(t-\tau)\mathrm{d}\tau \\
\dot{x}(t) &= -\int_0^t \ddot{y}(\tau) e^{-h\omega(t-\tau)} \left[\cos\omega_d(t-\tau) - \frac{h}{\sqrt{1-h^2}}\sin\omega_d(t-\tau) \right]\mathrm{d}\tau \\
\ddot{x}(t) + \ddot{y}(t) &= \omega_d \int_0^t \ddot{y}(\tau) e^{-h\omega(t-\tau)} \left[\left(1 - \frac{h^2}{1-h^2}\right)\sin\omega_d(t-\tau) + \frac{2h}{\sqrt{1-h^2}}\cos\omega_d(t-\tau) \right]\mathrm{d}\tau
\end{aligned}\right\}$$

$$\tag{6-42}$$

在这些式子中，包含了 ω、ω_d、h、$\ddot{y}$、t、τ 等六个变量或函数。如前所述，其中 τ 为媒介变量，一经积分自行消失，对结果没有直接关系。此外，ω_d 可由 ω 与 h 表示。结果，单质点系的反应最后只由 ω、h、$\ddot{y}$、t 等四个变量决定。如果用单质点系表示结构物，则它的反应将由结构物的特性，即固有圆频率 ω(或固有周期 T)、阻尼常数 h，以及输入的地震动即地震动加速度的时间过程 $\ddot{y}(t)$ 来决定。这个反应将随时间 t 而不断地变化。

6.7 反应的数值计算

在地震动加速度 $\ddot{y}(t)$ 作用下，单质点系的位移反应、速度反应与加速度反应可由式(6-42)求出。也可以采用如式(6-35)所示，用脉冲反应函数表示位移反应那样，把式(6-42)写成下列形式

$$\left.\begin{aligned}
x(t) &= \int_0^t \ddot{y}(\tau)\zeta(t-\tau)\mathrm{d}\tau \\
\dot{x}(t) &= \int_0^t \ddot{y}(\tau)\dot{\zeta}(t-\tau)\mathrm{d}\tau \\
\ddot{x}(t)+\ddot{y}(t) &= \int_0^t \ddot{y}(\tau)\ddot{\zeta}(t-\tau)\mathrm{d}\tau
\end{aligned}\right\} \tag{6-43}$$

这里

$$\left.\begin{aligned}
\zeta(t) &= -\frac{1}{\omega_d}\mathrm{e}^{-h\omega t}\sin\omega_d t \\
\dot{\zeta}(t) &= -\mathrm{e}^{-h\omega t}\left[\cos\omega_d t-\frac{h}{\sqrt{1-h^2}}\sin\omega_d t\right] \\
\ddot{\zeta}(t) &= \omega_d\mathrm{e}^{-h\omega t}\left[\left(1-\frac{h^2}{1-h^2}\right)\sin\omega_d t+\frac{2h}{\sqrt{1-h^2}}\cos\omega_d t\right]
\end{aligned}\right\} \tag{6-44}$$

这些式子分别为，当给定输入加速度时，单质点系的位移、速度、加速度脉冲反应函数。

不用说，它们都是因果性时间函数

$$\zeta(t)=0,\quad \dot{\zeta}(t)=0,\quad \ddot{\zeta}(t)=0 \quad t<0 \tag{6-45}$$

当然，由式(6-43)给出的 $x(t)$、$\dot{x}(t)$、$\ddot{x}(t)+\ddot{y}(t)$ 总要满足式(6-36)或式(6-38)，即总要满足原来的运动方程，而且式(6-44)的脉冲反应函数还满足

$$\ddot{\zeta}(t)+2h\omega\dot{\zeta}(t)+\omega^2\zeta(t)=0 \tag{6-46}$$

这一点请予以注意。还有另一个有效的方法，当计算单质点系的反应时，不必特地按式(6-43)中的第 3 式来计算加速度反应，只要算出 x 与 $\dot{x}$，加速度反应就可由式(6-38)求得。

图 6-5 给出了脉冲反应函数的形状。图中的阻尼常数为 $h = 0.05$。h 越小，持续的波形就越长，h 越大，结束得就越早，与前面提到的图 6-2 的情况是一样的。其次，脉冲反应函数的初始值，按照式(6-44)，当 $t = 0$ 时为

$$\left.\begin{array}{l} \xi(0) = 0 \\ \dot{\xi}(0) = 1 \\ \ddot{\xi}(0) = 2h\omega \end{array}\right\} \tag{6-47}$$

在 $t = 0$ 的这一瞬间，式(6-46)是能满足的。当地震动加速度 $\ddot{y}(t)$ 的时间过程给出时，要实际计算单质点系的反应过程，可以有以下三种计算方法。

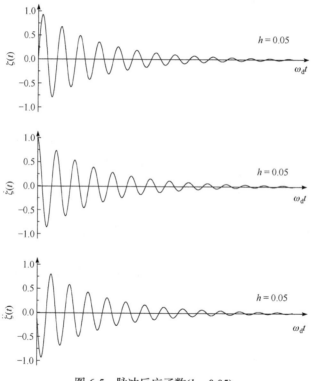

图 6-5　脉冲反应函数($h = 0.05$)

1. 褶积计算法

从式(6-43)可见，反应 $x(t)$、$\dot{x}(t)$ 等都可以用地震动加速度 $\ddot{y}(t)$ 与脉冲反应函数 $\xi(t)$、$\dot{\xi}(t)$ 等的褶积形式来表示，如采用前面式(5-4)中讲过的记号，就有

$$\left.\begin{array}{l} x(t) = \ddot{y}(t) * \zeta(t) \\ \dot{x}(t) = \ddot{y}(t) * \dot{\zeta}(t) \end{array}\right\} \tag{6-48}$$

现在，用时间间隔为 Δt 的 N 个离散值给出地震动加速度，同时脉冲反应函数也按式(6-44)以 Δt 为时间间隔的数列计算，于是位移反应与速度反应的时间过程可按

$$\left.\begin{array}{l} x(m\Delta t) = \sum\limits_{j=0}^{m} \ddot{y}(j\Delta t)\zeta[(m-j)\Delta t]\Delta t \\ \dot{x}(m\Delta t) = \sum\limits_{j=0}^{nt} \ddot{y}(j\Delta t)\dot{\zeta}[(m-j)\Delta t]\Delta t \end{array}\right\}$$

来计算，或者把 $x(m\Delta t)$、$\ddot{y}(j\Delta t)$ 等分别简单地写成 $x(m)$、$\ddot{y}(j)$，则可按

$$\left.\begin{array}{l} x(m) = \sum\limits_{j=0}^{m} \ddot{y}(j)\zeta(m-j)\Delta t \\ \dot{x}(m) = \sum\limits_{j=0}^{m} \ddot{y}(j)\dot{\zeta}(m-j)\Delta t \end{array}\right\}, \quad m = 0,1,2,\cdots,N-1 \tag{6-49}$$

来求得。

按褶积方法计算反应，必须作大量乘法计算，这需要花费大量时间。

2. 傅里叶变换法

分别令式(6-48)中的 $x(t)$、$\dot{x}(t)$、$\ddot{y}(t)$、$\zeta(t)$、$\dot{\zeta}(t)$ 的傅里叶变换为 $X(\Omega)$、$\dot{X}(\Omega)$、$\ddot{Y}(\Omega)$、$Z(\Omega)$、$\dot{Z}(\Omega)$，即

$$\left.\begin{array}{ll} x(t) \Leftrightarrow X(\Omega), & \dot{x}(t) \Leftrightarrow \dot{X}(\Omega) \\ \ddot{y}(t) \Leftrightarrow \ddot{Y}(\Omega), & \\ \xi(t) \Leftrightarrow Z(\Omega), & \dot{\xi}(t) \Leftrightarrow \dot{Z}(\Omega) \end{array}\right\}$$

在谱的平滑化一节中，已经学到过，两个函数的褶积的傅里叶变换等于每个函数的傅里叶变换的乘积，即式(5-6)的关系。因此，式(6-48)可以写成

$$\left.\begin{array}{l} X(\Omega) = \ddot{Y}(\Omega) \cdot Z(\Omega) \\ \dot{X}(\Omega) = \ddot{Y}(\Omega) \cdot \dot{Z}(\Omega) \end{array}\right\} \tag{6-50}$$

式(6-44)给出的脉冲反应函数的傅里叶变换

$$\left.\begin{array}{l} Z(\Omega) = -\dfrac{1}{\omega^2 - \Omega^2 + \mathrm{i} \cdot 2h\omega\Omega} \\[3mm] \dot{Z}(\Omega) = -\dfrac{1}{\omega^2 - \Omega^2 + \mathrm{i} \cdot 2h\omega\Omega} \end{array}\right\} \tag{6-51}$$

是复函数。

计算地震动加速度 $\ddot{y}(t)$ 的傅里叶变换 $\ddot{Y}(\Omega)$ ，并将它与式(6-51)的 $Z(\Omega)$ 、 $\dot{Z}(\Omega)$ 相乘，由式(6-50)求得 $X(\Omega)$ 、 $\dot{X}(\Omega)$ ，再求其傅里叶逆变换，这样就能分别求得位移反应 $x(t)$ 和速度反应 $\dot{x}(t)$ 。但是这个方法即使采用快速傅里叶变换，计算时间也仍然相当长。而且必须注意，对有限长度的数据作傅里叶变换时，还存在环状效应。关于环状效应，已在 3.9 节傅里叶积分中谈到过。如不在后面补足够零(参照 3.10 节)以消除环状效应，则按上述傅里叶变换作反应计算会得出错误的结果。

现在给定地震动加速度的数据为 N_1 个，时间间隔为 Δt ，为了使脉冲反应函数在充分接近于零的地方结束，设必须取 N_2 个有相同时间间隔的数据，于是为了消除环状效应，数列的最小必需长度 N 应该满足 $N \geqslant N_1 + N_2$ 的最小的 2 的乘幂。例如，假设 $N_1 = 800$ ， $N_2 = 320$ ， $N_1 + N_2 = 1120$ ，因而 $N = 2048$ 。所以对加速度数据来讲，必须在末尾补上 $N - N_1 = 2048 - 800 = 1248$ 个零。

3. 直接积分法

决定单质点系运动的微分方程为式(6-37)，或经改写后为

$$\ddot{x} + 2h\omega\dot{x} + \omega^2 x = -\ddot{y} \tag{6-52}$$

对于给定的地震动加速度 $\ddot{y}(t)$ ，如果直接按数值积分法解微分方程来求得反应的数值解，这就是直接积分法。在直接积分法中虽然也有各种各样的方法，但这里只准备讲一讲最简明的线性加速度法。

现设 t 时刻地震动加速度为 $\ddot{y}_t$ ，时刻 $t + \Delta t$ 的地震动加速度为 $\ddot{y}_{t+\Delta t}$ 。同样，令 $t + \Delta t$ 时刻的地震动速度与位移分别为 $\dot{y}_{t+\Delta t}$ 、 $y_{t+\Delta t}$ 。如利用函数的泰勒展开式，令 $f^{(k)}(t)$ 为函数 $f(t)$ 的 k 次导数，由于

$$f(t + \Delta t) = \sum_{t=0}^{\infty} \frac{(\Delta t)^k}{k!} f^{(k)}(t)$$

则 $\dot{y}_t + \Delta t$ 及 $y_t + \Delta t$ 的泰勒展开为

$$\left.\begin{aligned} \dot{y}_{t+\Delta t} &= \dot{y}_t + (\Delta t)\ddot{y}_t + \frac{1}{2}(\Delta t)^2 \dddot{y}_t + \cdots \\ y_{t+\Delta t} &= y_t + (\Delta t)\dot{y}_t + \frac{1}{2}(\Delta t)^2 \ddot{y}_t + \frac{1}{6}(\Delta t)^3 \dddot{y}_t + \cdots \end{aligned}\right\} \tag{6-53}$$

这里，如图 6-6 所示，在 Δt 的时间间隔内，假定加速度按直线变化，则

$$\dddot{y}_k = \frac{\ddot{y}_{t+\Delta t} - \ddot{y}_t}{\Delta t}$$

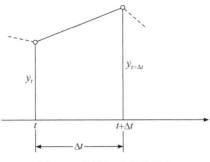

图 6-6　线性加速度的假定

且 4 次以上的导数全部为 0。于是式(6-53)变为下列形式

$$\dot{y}_{t+\Delta t} = \dot{y}_t + (\Delta t)\ddot{y}_t + \frac{1}{2}(\Delta t)(\ddot{y}_{t+\Delta t} - \ddot{y}_t)$$

$$y_{t+\Delta t} = y_t + (\Delta t)\dot{y}_t + \frac{1}{2}(\Delta t)^2\ddot{y}_t + \frac{1}{6}(\Delta t)^2(\ddot{y}_{t+\Delta t} - \ddot{y}_t)$$

或

$$\left.\begin{aligned} \dot{y}_{t+\Delta t} &= \dot{y}_t + \frac{(\Delta t)}{2}\ddot{y}_t + \frac{(\Delta t)}{2}\ddot{y}_{t+\Delta t} \\ y_{t+\Delta t} &= y_t + (\Delta t)\dot{y}_t + \frac{(\Delta t)^2}{3}\ddot{y}_t + \frac{(\Delta t)^2}{6}\ddot{y}_{t+\Delta t} \end{aligned}\right\} \tag{6-54}$$

即如已知 t 时刻的状态,接着就能决定 $t + \Delta t$ 时刻的状态。因此,一旦给定地震动加速度的时间过程,就能求得地震动的速度与位移的时间过程。按式(6-54)进行逐时求解时,地震动速度与位移的初始值为

$$\left.\begin{aligned} \dot{y}_{t=0} &= \ddot{y}_{t=0}\Delta t \\ y_{t=0} &= \frac{1}{2}\ddot{y}_{t=0}(\Delta t)^2 \approx 0 \end{aligned}\right\} \tag{6-55}$$

进一步,当地震动的加速度记录已经给出,并且假定初始值为式(6-55)时,按式(6-54)作逐次积分来求得地震动速度与位移。图 6-7 给出了埃尔森特罗地震动的速度和位移时程。

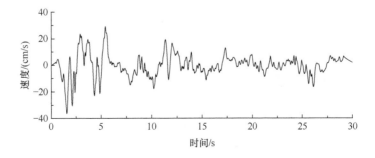

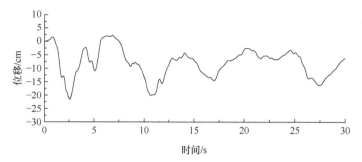

图 6-7　埃尔森特罗地震动的速度和位移时程

其次，质点系的运动方程(6-52)，即

$$\ddot{x}_{t+\Delta t} + 2h\omega\dot{x}_{t+\Delta t} + \omega^2 x_{t+\Delta t} = -\ddot{y}_{t+\Delta t} \tag{6-56}$$

对于质点的相对加速度 $\ddot{x}$，与图 6-6 一样，仍旧假定为线性变化，则和式(6-54)相同，为

$$\left.\begin{array}{l} \dot{x}_{t+\Delta t} = \dot{x}_t + \dfrac{(\Delta t)}{2}\ddot{x}_t + \dfrac{(\Delta t)}{2}\ddot{x}_{t+\Delta t} \\[3mm] x_{t+\Delta t} = x_t + (\Delta t)\dot{x}_t + \dfrac{(\Delta t)^2}{3}\ddot{x}_t + \dfrac{(\Delta t)^2}{6}\ddot{x}_{t+\Delta t} \end{array}\right\} \tag{6-57}$$

将式(6-57)代入式(6-56)，经整理后得

$$\left.\begin{array}{l} \ddot{x}_{t+\Delta t} = -\dfrac{1}{R}(\ddot{y}_{t+\Delta t} + 2h\omega E_t + \omega^2 F_t) \\[3mm] \dot{x}_{t+\Delta t} = E_t + \dfrac{(\Delta t)}{2}\ddot{x}_{t+\Delta t} \\[3mm] x_{t+\Delta t} = F_t + \dfrac{(\Delta t)^2}{6}\ddot{x}_{t+\Delta t} \\[3mm] R = 1 + 2h\omega\dfrac{(\Delta t)}{2} + \omega^2\dfrac{(\Delta t)^2}{6} \\[3mm] E = \dot{x}_t + \dfrac{(\Delta t)}{2}\ddot{x}_t \\[3mm] F_t = x_t + (\Delta t)\dot{x}_t + \dfrac{(\Delta t)^2}{3}\ddot{x}_t \end{array}\right\} \tag{6-58}$$

针对给定的地震动加速度，就可逐点地求出加速度反应、速度反应及位移反应的数值。这时的初始值，由前面的式(6-47)可知，为

$$\left.\begin{array}{l} x_{t=0} = 0 \\[2mm] \dot{x}_{t=0} = -\ddot{y}_{t=0}\Delta t \\[2mm] (\ddot{x} + \ddot{y})_{t=0} = 2h\omega\ddot{y}_{t=0}\Delta t \end{array}\right\} \tag{6-59}$$

　　至于微分方程的数值解，还有各种高级的方法，但是从实用的精度要求来看，这种简单的线性加速度法已经足够了。图 6-8(a)、(b)及(c)分别画出了固有周期 $T = 0.3\,\text{s}$、阻尼常数 $h = 0.05$ 的质点系在埃尔森特罗地震动的作用下，质点的绝对加速度反应、相对速度反应与相对位移反应的时间过程。

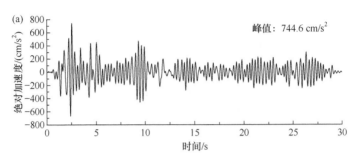

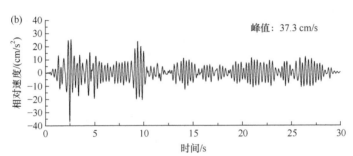

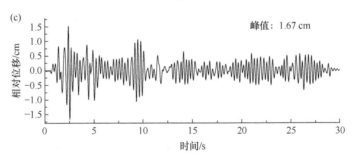

图 6-8　单质点系的反应($T = 0.3\,\text{s}$，$h = 0.05$)

6.8　地震反应谱

　　在讲到式(6-42)时已经说明过，结构物的反应 $x(t)$ 、$\dot{x}(t)$ 、$\ddot{x}(t) + \ddot{y}(t)$ 等都是 t、ω(或 T)与 h 的函数，而且是随时间 t 不断变化的。从结构物的设计立场出发，更需要知道的倒不是随时间变化的反应形式，而是反应的最大值，如加速度反应与速度反应的最大值为多少，或者最大的位移反应为多少。现设地震时，单质点

系所产生的最大相对位移、最大相对速度及最大绝对加速度分别为 S_d、S_v 及 S_a，由式(6-42)为

$$
\left.
\begin{aligned}
S_d &= \frac{1}{\omega_d}\left|\int_0^t \ddot{y}(\tau)e^{-h\omega(t-\tau)}\sin\omega_d(t-\tau)\,d\tau\right|_{\max} \\
S_v &= \left|\int_0^t \ddot{y}(\tau)e^{-h\omega(t-\tau)}\left[\cos\omega_d(t-\tau)-\frac{h}{\sqrt{1-h^2}}\sin\omega_d(t-\tau)\right]d\tau\right|_{\max} \\
S_a &= \omega_d\left|\int_0^t \ddot{y}(\tau)e^{-h\omega(t-\tau)}\left[\left(1-\frac{h^2}{1-h^2}\right)\sin\omega_d(t-\tau)+\frac{2h}{\sqrt{1-h^2}}\cos\omega_d(t-\tau)\right]d\tau\right|_{\max}
\end{aligned}
\right\}
$$

(6-60)

在输入的地震动加速度时间过程 $\ddot{y}(t)$ 一旦给定后，上述这些量便是 h 与 ω 的函数，或阻尼常数 h 与无阻尼固有周期 T 的函数，即为 $S_d(h,T)$、$S_v(h,T)$ 及 $S_a(h,T)$。

以阻尼常数 h 作为参数时，把这些函数 $S_d(h,T)$、$S_v(h,T)$ 及 $S_a(h,T)$，针对无阻尼固有周期画成的图形分别称为相对位移反应谱、相对速度反应谱及绝对加速度反应谱，总称为地震动反应谱。或者简称为位移反应谱、速度反应谱与加速度反应谱，总称为反应谱。

为了形象地说明地震动反应谱的概念，图 6-9 给出了这种模型。首先如图 6-9(a)中所表明的，在一个振动台上，并排放上一组阻尼常数为 h_1 而固有周期彼此不同的振子——单质点系。在图 6-9 中画出了三种类型，有较短周期 T_1 的、中等周期 T_2 的与较长周期 T_3 的。接着，用某一地震动的加速度去摇晃这个振动台。也就是对这组质点系输入地震动加速度。

于是，各质点系随着振动台的运动而摇动。表现出对输入加速度的反应。现在假设已经用某种方法把各质点的反应加速度测定出来，如图 6-9(b)所示，把反应加速度波形记录下来了。必然，固有周期短的振子振动得快，而长周期的振子振动慢。波形的振幅变化虽然受输入加速度波形的支配，但周期却与输入的关系不大，各自与振子的固有周期相接近。在图 6-8(a)中见到的就是这类反应加速度波形的一个例子。接着，从这些波形中找出最大振幅，其值如图 6-9(b)所示，分别为 $(S_a)_1$、$(S_a)_2$ 及 $(S_a)_3$。在图 6-9(c)中表示周期的横轴上，在周期为 T_1、T_2 与 T_3 的地方，求出与 $(S_a)_1$、$(S_a)_2$ 及 $(S_a)_3$ 高度相等的点，就决定了在图中印有空心圆圈的三个点。

现在虽然只对三个周期不同的振子作了说明，但是，如果在图 6-9(a)的振动台上并排放上只是周期稍有不同的非常多的单质点群，就能在图 6-9(c)上得到一条用实线表示的曲线，它是由连接峰值加速度反应的点得到的。此外，要说明一

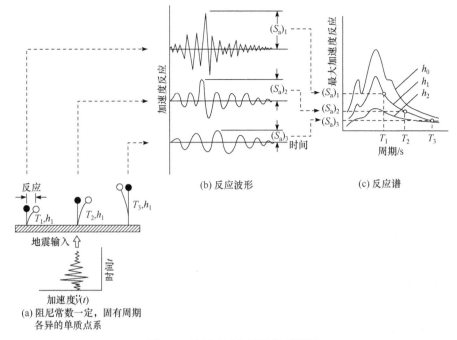

(b) 反应波形　　(c) 反应谱

(a) 阻尼常数一定，固有周期
各异的单质点系

图 6-9　地震动反应谱的模型说明

点，现在假定的阻尼常数都是 h_1，如改变这个值，再重复类似的实验，能得到与不同阻尼常数相对应的、在图 6-9(c) 中其余的那些曲线。图 6-9(c) 中画出的曲线或曲线族，就是最初输入地震加速度的反应谱，这里是根据质点上测得的加速度来画出加速度反应谱的。同样，如测定的是质点的速度与位移，经过同样的操作，就能分别求得速度反应谱与位移反应谱。不用说，不管在什么情况下，阻尼常数越小，反应就越大。

图 6-10、图 6-11 及图 6-12 给出了埃尔森特罗地震动的加速度反应谱、速度反应谱与位移反应谱。在计算反应谱时，采用了三种阻尼常数 $h=0$、0.05 与 0.10。

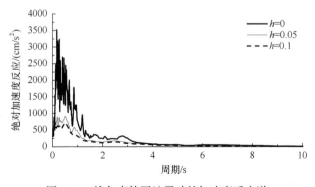

图 6-10　埃尔森特罗地震动的加速度反应谱

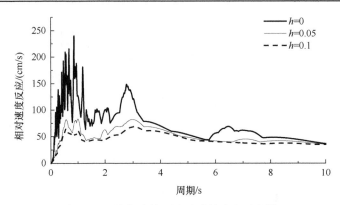

图 6-11　埃尔森特罗地震动的速度反应谱

通常，结构物的阻尼常数值比 1 要小得多。因此，近似地

$$\sqrt{1-h^2} \approx 1$$

由式(6-24)，便有

$$\omega_{\mathrm{d}} \approx \omega$$

甚至与 1 相比，h 的量级也可以忽略不计，于是，式(6-60)便成为

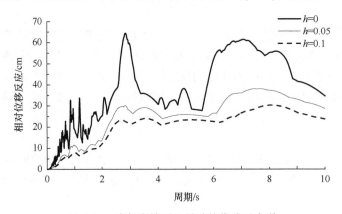

图 6-12　埃尔森特罗地震动的位移反应谱

$$\left.\begin{array}{l}
S_{\mathrm{d}} = \dfrac{1}{\omega}\left|\displaystyle\int_0^t \ddot{y}(\tau)\mathrm{e}^{-h\omega(t-\tau)}\sin\omega(t-\tau)\,\mathrm{d}\tau\right|_{\max} \\[3mm]
S_{\mathrm{v}} = \quad\left|\displaystyle\int_0^t \ddot{y}(\tau)\mathrm{e}^{-h\omega(t-\tau)}\cos\omega(t-\tau)\,\mathrm{d}\tau\right|_{\max} \\[3mm]
S_{\mathrm{a}} = \omega\left|\displaystyle\int_0^t \ddot{y}(\tau)\mathrm{e}^{-h\omega(t-\tau)}\sin\omega(t-\tau)\,\mathrm{d}\tau\right|_{\max}
\end{array}\right\} \tag{6-61}$$

因为现在只考虑最大值，就可把式中的正弦函数与余弦函数等同地看待，这样，

在 S_d、S_v 及 S_a 之间，存在如下的简单近似关系

$$\left.\begin{array}{l} S_d \approx \dfrac{1}{\omega}S_v = \dfrac{T}{2\pi}S_v \\[2mm] S_v = S_v \\[2mm] S_a \approx \omega S_v = \dfrac{2\pi}{T}S_v \end{array}\right\} \qquad (6\text{-}62)$$

在图 6-11 所示的埃尔森特罗地震动的速度反应谱中，在周期 0.5 s、1 s 和 3 s 附近有较大的峰值，但从多数地震动的速度谱形状来看，平均情况如图 6-13 所示，除了极短周期部分以外，成一条平行于周期横轴的直线，即

$$S_v \approx 常数$$

因此，根据式(6-62)，加速度反应谱与位移反应谱的大致形状，如图 6-13 所示，分别为双曲线与通过原点向右上升的直线。

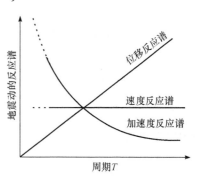

图 6-13　地震动反应谱的大致形状

首先计算速度反应谱 S_v，然后利用式(6-62)的关系，近似地求得 S_a 与 S_d，分别叫做伪加速度反应谱与伪位移反应谱，有的书也称其为拟谱。

按照式(6-42)与式(6-60)，由于

$$\left.\begin{array}{l} S_d = x_{\max} \\[2mm] S_a = \left(\ddot{x} + \ddot{y}\right)_{\max} \end{array}\right\} \qquad (6\text{-}63)$$

由式(6-62)便得

$$\frac{(\ddot{x} + \ddot{y})_{\max}}{x_{\max}} = \omega^2 = \left(\frac{2\pi}{T}\right)^2 \qquad (6\text{-}64)$$

利用式(6-62)的关系，可以得到一种能在读取速度反应谱 S_v 的同时，还能读取加速度反应谱 S_a 与位移反应谱 S_d 的诺模图表示法。这样的图称为三联反应谱，后文将对这一谱进行专门的介绍。

6.9　反应谱与傅里叶谱的关系

如式(6-42)所示，单质点系的位移反应与速度反应分别为

$$x(t) = -\frac{1}{\omega_d} \int_0^t \ddot{y}(\tau) e^{-h\omega(t-\tau)} \sin \omega_d(t-\tau) dt$$

$$\dot{x}(t) = -\int_0^t \ddot{y}(\tau) e^{-h\omega(t-\tau)} \left[\cos \omega_d(t-\tau) \right.$$

$$\left. -\frac{h}{\sqrt{1-h^2}} \sin \omega_d(t-\tau) \right] dt$$

现在考虑无阻尼情况，即设 $h = 0$，如只取绝对值，则为

$$x(t) = \frac{1}{\omega} \int_0^t \ddot{y}(\tau) \sin \omega(t-\tau) d\tau$$
$$\dot{x}(t) = \int_0^t \ddot{y}(\tau) \cos \omega(t-\tau) d\tau$$

$$(6\text{-}65)$$

式中的速度反应可写为

$$\dot{x}(t) = \cos \omega t \int_0^t \ddot{y}(\tau) \cos \omega \tau d\tau + \sin \omega t \int_0^t \ddot{y}(\tau) \sin \omega \tau d\tau$$

$$= \sqrt{\left[\int_0^t \ddot{y}(\tau) \cos \omega \tau d\tau \right]^2 + \left[\int_0^t \ddot{y}(\tau) \sin \omega \tau d\tau \right]^2} \cos(\omega t + \phi) \qquad (6\text{-}66)$$

$$\phi = -\arctan \frac{\int_0^t \ddot{y}(\tau) \sin \omega \tau d\tau}{\int_0^t \ddot{y}(\tau) \cos \omega \tau d\tau}$$

式(6-66)的最大值，即

$$S_{v,h=0} = \left| \sqrt{\left[\int_0^t \ddot{y}(\tau) \cos \omega \tau d\tau \right]^2 + \left[\int_0^t \ddot{y}(t) \sin \omega \tau d\tau \right]^2} \cdot \cos(\omega_t + \phi) \right|_{\max} \qquad (6\text{-}67)$$

是阻尼 $h = 0$ 时的速度反应谱。另一方面，设地震的持续时间为从 $t = 0$ 到 $t = T$，地震动 $\ddot{y}(t)$ 的傅里叶变换如式(3-92)所示，为

$$F(\omega) = \int_0^T \ddot{y}(\tau) e^{-i\omega\tau} d\tau = \int_0^T \ddot{y}(\tau) \cos \omega \tau d\tau - i \int_0^T \ddot{y}(\tau) \sin \omega \tau d\tau$$

因而，振幅谱可表示为

$$|F(\omega)| = \sqrt{\left[\int_0^T \ddot{y}(\tau) \cos \omega \tau d\tau \right]^2 + \left[\int_0^T \ddot{y}(\tau) \sin \omega \tau d\tau \right]^2} \qquad (6\text{-}68)$$

比较反应谱与傅里叶谱，即将式(6-67)与式(6-68)进行比较，两者之间还不能笼统地说哪个大哪个小。

　　因为 ω 为圆频率，$2\pi/\omega$ 常用来代表周期。因此就如以前所讲的那样，在式(6-67)的反应谱情况下的 $2\pi/\omega$ 是地震作用下单质点系的周期。在式(6-68)中傅里叶谱情况下的 $2\pi/\omega$ 则为地震动各组成分量的周期。但是现在不考虑它们在这个意义上的不同，把速度反应谱和傅里叶反应谱重新对周期画出来看看，可知对大多数地震动来说，速度反应谱要比傅里叶谱大。图 6-14 中对埃尔森特罗地震动所作的这种比较，就是一个例子。

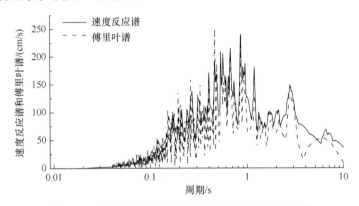

图 6-14　速度反应谱与傅里叶谱(埃尔森特罗地震动)

　　在地震动结束之后，结构物还要继续振动，这种在地震动结束后的振动叫做残留振动。残留振动的反应谱叫做残留谱。地震动结束后，地面自然是静止的，所以残留振动是一种自由振动，假定没有阻尼，即 $h = 0$ 时，这种运动的方程为

$$\ddot{x} + \omega^2 x = 0$$

它的解已经在式(6-8)和式(6-9)中求得为

$$\left.\begin{array}{l} x(t) = A\cos\omega t + B\sin\omega t \\ \dot{x}(t) = -A\omega\sin\omega t + B\omega\cos\omega t \end{array}\right\}$$

现令残留振动开始的时间为 $t = 0$，并设初始位移为 x_0，初始速度为 $\dot{x}_0$，则如式(8.10)和式(8.11)已经求得的那样

$$\left.\begin{array}{l} A = x_0 \\ B = \dfrac{\dot{x}_0}{\omega} \end{array}\right\}$$

故

$$\left.\begin{array}{l} \dot{x}(t) = \sqrt{\left(x_0\omega\right)^2 + \dot{x}_0^2}\,\cos(\omega t + \phi) \\ \phi = \arctan\left(\dfrac{x_0\omega}{\dot{x}_0}\right) \end{array}\right\} \tag{6-69}$$

在地震动作用过程中的位移、速度由式(6-65)表示，由于地震动结束的时刻也就是残留振动开始的时刻，所以残留振动的初始位移与初始速度，也就是式(6-65)在 $t = T$ 时的值，即

$$
\left.
\begin{aligned}
x_0 \omega &= \int_0^T \ddot{y}(\tau) \sin \omega(T - \tau) \mathrm{d}\tau \\
&= \sin \omega T \int_0^T \ddot{y}(\tau) \cos \omega \tau \mathrm{d}\tau + \cos \omega T \int_0^T \ddot{y}(\tau) \sin \omega \tau \mathrm{d}\tau \\
\dot{x}_0 &= \int_0^\tau \ddot{y}(\tau) \cos \omega(T - \tau) \mathrm{d}\tau \\
&= \cos \omega T \int_0^T \ddot{y}(\tau) \cos \omega \tau \mathrm{d}\tau - \sin \omega T \int_0^\tau \ddot{y}(\tau) \sin \omega \tau \mathrm{d}\tau
\end{aligned}
\right\}
\tag{6-70}
$$

由式(6-70)使得

$$
\sqrt{\left(x_0 \omega\right)^2 + \dot{x}_0^2} = \sqrt{\left[\int_0^T \ddot{y}(\tau) \cos \omega \tau \mathrm{d}\tau\right]^2 + \left[\int_0^2 \ddot{y}(\tau) \sin \omega \tau \mathrm{d}\tau\right]^2}
\tag{6-71}
$$

参照式(6-69)，可知式(6-71)为残留振动的速度振幅。由于现在考虑的是 $h = 0$ 的无阻尼情况，所以残留振动是具有这个振幅的往复的正弦振动。因此，式(6-71)也就是残留振动的速度反应谱。比较式(6-71)与前面的傅里叶谱式(6-68)，两者是相等的。因而，地震动的傅里叶谱等于无阻尼单质点系在同一地震下的残留速度谱。

6.10　求反应谱的程序

6.6 节介绍了地震反应的杜阿梅尔积分计算公式，下面给出了采用式(6-39)、式(6-40)和式(6-41)计算相对位移反应谱、相对速度反应谱和绝对加速度反应谱的 MATLAB 程序。

```
load A.txt%加载地震动数据
dt=0.02;
n=length(A);
time=(0:dt:dt*(n-1))';
h=0.05;% 阻尼比
number=1;
for T=0.1:0.1:5%周期
w=2*pi/T;%圆频率
wd=w*sqrt(1-h^2);%阻尼固有圆频率
  for k=1:1:n
```

```
    t=time(k);
    tor=(0:dt:t)';
    if k==1
       dis(k,1)=0;
       vel(k,1)=0;
       acc(k,1)=0;
    else
       dis(k,1)=-1/wd*trapz(tor,A(1:k).*exp(-h*w*…
(t-tor)).*sin(wd*(t-tor)));%式(6-39)计算相对位移反应
       vel(k,1)=-1/wd*trapz(tor,A(1:k).*exp(-h*w*…
(t-tor)).*(-h*w*sin(wd*(t-tor))+wd*cos(wd*(t-tor))));
%式(6-40)计算相对速度反应
       acc(k,1)=w^2*(1-2*h^2)/wd*trapz(tor,…
                 A(1:k).*exp(-h*w*(t-tor)).*sin(wd*(t-…
                 tor)))+2*h*w*trapz(tor,A(1:k).*exp(-
                 h*w*(t-…
tor)).*cos(wd*(t-tor)));% 式(6-41)计算绝对加速度反应
    end
  end
Sd(number,1)=max(abs(dis));%最大相对位移反应
Sv(number,1)=max(abs(vel));%最大相对速度反应
Sa(number,1)=max(abs(acc));%最大绝对加速度反应
number=number+1;
end
figure
plot(0.1:0.1:5,Sd)% 输出相对位移反应谱
figure
plot(0.1:0.1:5,Sa)% 输出相对速度反应谱
figure
plot(0.1:0.1:5,Sv)% 输出对加速度反应谱
```

6.7 节介绍了褶积计算地震反应的方法，下面给出了采用式(6-43)计算相对位移反应谱、相对速度反应谱和绝对加速度反应谱的 MATLAB 程序。

```
load A.txt%加载地震动数据
dt=0.02;
```

```
n=length(A);
time=(0:dt:dt*(n-1))';
h=0.05;%阻尼比
number=1;
for T=0.1:0.1:5 周期
w=2*pi/T;%圆频率
wd=w*sqrt(1-h^2);%阻尼固有圆频率
  for k=1:1:n
    t=time(k);
    tor=(0:dt:t)';
time_new=(t-tor);
%采用式(6-44)计算脉冲响应函数地震反应
    pulse_dis=-1/wd*exp(-h*w…
*time_new).*sin(wd*time_new);
    pulse_vel=exp(-h*w*time_new).*(cos(wd*…
time_new)-h/sqrt(1-h^2)*sin(wd*time_new));
    pulse_acc=wd*exp(-h*w*time_new).*((1-h^2/(1-…
h^2))*sin(wd*time_new)+2*h/sqrt(1-h^2)*cos(wd*time_new));
    if k==1
      dis(k,1)=0;
      vel(k,1)=0;
      acc(k,1)=0;
else
%采用式(6-43)计算地震反应
      dis(k,1)=trapz(tor,A(1:k).*pulse_dis);
      vel(k,1)=trapz(tor,A(1:k).*pulse_vel);
      acc(k,1)=trapz(tor,A(1:k).*pulse_acc);
    end
  end
Sd(number,1)=max(abs(dis));%最大相对位移反应
Sv(number,1)=max(abs(vel));%最大相对速度反应
Sa(number,1)=max(abs(acc));%最大绝对加速度反应
number=number+1;
end
figure
```

```
plot(0.1:0.1:5,Sd)%输出相对位移反应谱
figure
plot(0.1:0.1:5,Sa)%输出相对速度反应谱
figure
plot(0.1:0.1:5,Sv)%输出对加速度反应谱
```

在实际计算中通常采用数值算法计算地震反应和反应谱值，下面给出采用基于力的插值方法计算反应谱的"spectra"函数。有关基于力的插值方法可以参考结构动力学方面的书籍，这里不做过多的介绍。

```
%计算绝对加速度谱 Sa，相对速度谱 Sv，相对位移谱 Sd
%输入参数为，Acc：地震动加速度时程；Dt：地震动时间间隔
%T：反应谱周期，damp：阻尼比
function [Sa Sv Sd]=spectra(Acc,Dt,T,damp)
  damp=damp;
  N=length(T);
  Sa=zeros(N,1);
  Sv=zeros(N,1);
  Sd=zeros(N,1);
  %*****绘制反应谱的外层循环，以结构周期为循环变量*****
  Acc=-Acc;
  num=length(Acc);
  for number=1:1:N
    %*****计算各个参数*****
    wn=2*pi/T(number);          %圆频率
    wd=wn*sqrt(1-damp^2);
    t=Dt;
    k=wn^2;
    %*****迭代系数*****
    A=exp(-damp*wn*t)*(damp/sqrt(1-…
      damp^2)*sin(wd*t)+cos(wd*t));
    B=exp(-damp*wn*t)*(1/wd*sin(wd*t));
    C=(1/k)*(2*damp/(wn*t)+exp(-damp*wn*t)*(((1-…
2*damp^2)/(wd*t)-damp/sqrt(1-damp^2))*sin(wd*t)-…
(1+2*damp/(wn*t))*cos(wd*t)));
    D=(1/k)*(1-(2*damp)/(wn*t)+exp(-…
```

```
        damp*wn*t)*((2*damp^2-…
1)/(wd*t)*sin(wd*t)+2*damp/(wn*t).*cos(wd*t)));
    a=(-exp(-damp*wn*t))*(wn/sqrt(1-…
      damp^2)*sin(wd*t));
    b=exp(-damp*wn*t)*(cos(wd*t)-damp/sqrt(1-…
      damp^2)*sin(wd*t));
    c=(1/k)*(-1/t+exp(-damp*wn*t)*((wn/sqrt(1-…
      damp^2)+damp/(t*sqrt(1-…
      damp^2)))*sin(wd*t)+1/t*cos(wd*t)));
    d=1/(k*t)*(1-exp(-damp*wn*t)*(damp/sqrt(1-…
      damp^2)*sin(wd*t)+cos(wd*t)));
    acc=zeros(num,1);        %绝对加速度反应
    vel=zeros(num,1);        %相对速度反应
    dis=zeros(num,1);        %相对位移反应
    acc(1)=Acc(1);
    %*****计算地震反应*****
    for i=1:1:num-1
        dis(i+1)=A*dis(i)+B*vel(i)+C*Acc(i)+D*Acc(i+1);
        vel(i+1)=a*dis(i)+b*vel(i)+c*Acc(i)+d*Acc(i+1);
        acc(i+1)=-wn^2*dis(i+1)-2*damp*wn*vel(i+1);
    end
    Sa(number)=max(abs(acc));
    Sv(number)=max(abs(vel));
    Sd(number)=max(abs(dis));

  end
end
```

第 7 章　不同形式的反应谱

地震动反应谱是指单自由度体系在地震动作用下，体系的最大反应量与体系自振周期间的函数[10]。地震动反应谱能够在一定程度上反映地震动的频率和幅值特征，并能预估目标结构在地震动作用下的最大反应。反应谱方法的提出赋予了抗震设计科学的含义，促进了工程建筑结构设计的发展，在现阶段的抗震设计中仍不可或缺。在各国的抗震设计规范中也大都采用反应谱方法进行建筑结构的抗震设计。本章将介绍有关反应谱的发展历程、不同形式的反应谱和影响反应谱的因素等内容。

7.1　反应谱方法发展历程

在 20 世纪 30 年代初期，西奥多·冯·卡门(Theodore von Kármán)教授和毕奥(Biot)教授在动力学理论的研究中取得了丰富的成果。这些研究成果为后期地震工程领域中反应谱方法的提出奠定了基础。反应谱方法最早在 1932 年由莫里斯·毕奥提出[11]。1933 年 1 月 19 日，毕奥[12]指出，"目前对于地震动反应谱随周期或频率的分布还没有研究，但这将揭示两个方面的重要内容：①谱峰值能够揭示场地的信息；②将易于评估结构在地震动作用下的最大响应"。1933 年 3 月 10 日，在美国加利福尼亚州的长滩地震(Long Beach，California)中记录到了人类史上第一条地震动记录，为反应谱的计算提供了第一条实测数据。1941 年毕奥[13]通过机械分析器(Mechanical Analyzer)计算得到真实地震动记录的反应谱，为当时反应谱的计算提供了一种较为简便的途径。1942 年，毕奥[14]阐释了反应谱方法及其叠加方法的基本原理和准则。至此，反应谱的基本理论得到了充分的发展。

在 1980 年的第七届世界地震工程会议中，克里希纳[15]曾指出"如今的地震工程学是伴随着毕奥的反应谱理论方法的提出而产生的"。由此可见反应谱方法在地震工程领域中的重要地位。但由于计算结构在不规则地震动作用下的反应非常困难且只有少数完整的地震动记录可以使用，反应谱理论从提出到最终得到广泛的接受和应用经历了 40 年的时间。在 20 世纪 60 年代末和 70 年代初期，地震动记录开始可以转化为数字信号，地震动和反应谱的数字计算也得到了充分的发展。在 1971 年美国加利福尼亚州的圣费尔南多地震(San Fernando，California)中记录到了 241 条地震动记录。这些地震动记录的获取为综合分析地震动反应谱的特性提供了可行性，反应谱理论与方法的发展与应用也迎来了一个新的时代。

7.2　反应谱的意义

由前文的介绍知，仅从记录上是无法了解地震动的种种特性的，特别是无法了解那些对结构物有影响的地震动特性。前面讲到的傅里叶谱只能表示地震动本身的频率特性，与结构物的概念没有任何的联系。但反应谱与此相反，它表现出地震动对单质点系所代表的结构物的最大的影响。因此和傅里叶谱相比，可以说是更具有工程上的意义。例如，从图6-10的加速度反应谱看，埃尔森特罗地震动对于固有周期为0.2~1 s左右的结构物有很大的影响，而对固有周期为1.5 s附近的结构物，这种影响是不大的。

加速度反应谱给出了作用于结构物的力，即由地基向结构物输入的力。从加速度反应谱上读到的，与结构物的固有周期及阻尼常数相对应的反应值$(\ddot{x}+\ddot{y})_{\max}$，就是作用在结构物上的最大绝对加速度，将它与结构物的质量m相乘，就是结构物在地震中产生的最大剪力$Q_{\max}$，即

$$Q_{\max} = m(\ddot{x}+\ddot{y})_{\max} \tag{7-1}$$

这个最大剪力与结构物的重量$W=mg$之比

$$C = \frac{Q_{\max}}{W} = \frac{(\ddot{x}+\ddot{y})_{\max}}{g} = \frac{S_a(h,T)}{g} \tag{7-2}$$

称为基底剪力系数。这是作用于结构物上的地震力与重量之比。

埃尔森特罗地震动的峰值加速度实际上时常取312 Gal，但此处取为0.2 g，现在对固有周期0.4 s、阻尼常数0.05的结构物与固有周期4.0 s、阻尼常数0.02的结构物按式(7-2)求基底剪力系数。这些结构物分别相当于低层的钢筋混凝土结构物与高层的钢结构建筑物，结果列于表7-1。从表7-1可知，即使在同样的地震作用下，由于结构物受力方向上固有周期与阻尼常数，即结构物自身特性不同，所受地震力的大小也就发生显著的差别。这个事实说明在静力抗震设计中假定烈度相同是不合理的。

表 7-1　基底剪力系数举例

结构物		基底剪力系数
固有周期/s	阻尼常数	
0.4	0.05	0.578
4.0	0.02	0.062

速度反应谱代表了地震动给予结构物的最大能量。设结构物的弹簧常数为 k，最大位移为 x_{max}，则

最大的应变能为
$$\frac{1}{2}kx^2{}_{max}$$

单位质量的最大能量为
$$\frac{1}{2}\frac{k}{m}x^2{}_{max}=\frac{1}{2}\left(\omega x_{max}\right)^2=\frac{1}{2}S_v^2$$

因此，速度反应谱可以理解为一种功率谱，但是如图 4-1 所示，原来的功率谱横轴是各振动分量的频率或周期。与此相对应，速度反应谱的横轴是受到振动的结构物的周期。请注意两者的意义是不同的。

结构物及其部件的周期各个不同，如果一旦发生局部破坏，它们的固有周期就发生变化，但是可以认为，具有一定刚度的高层结构物，其主要周期大致在 0.1～2.5 s 之间，其间的能量总和可用积分值

$$I_h = \int_{0.1}^{2.5} S_v(h,T)\mathrm{d}T \tag{7-3}$$

来表示。豪斯纳教授[16, 17](G. W. Housner)建议，把它当作代表地震破坏作用的一种指标。式(7-3)中的 I_h 可称为谱烈度，它与图 7-1 的速度反应谱中画有阴线部分的面积是相当的。

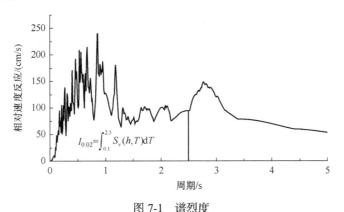

图 7-1　谱烈度

位移反应谱表示位移，即变位的大小，因此与结构物中引起的应力有关。在位移反应谱中，对应固有周期与阻尼常数读得的最大值为最大位移 x_{max}，若将它乘以弹簧常数 k，使得最大剪力

$$Q_{max} = kx_{max} \tag{7-4}$$

反应谱本来是关于简单的单质点系的概念，但是复杂的多质点系结构物的振动也可分解为简单的单质点系的振动分量，叫做振型，根据反应谱分别求得每个

分量的反应之后，再将它们合成，就能确定复杂振型的反应。这种分析方法称为振型分解，是结构物动力设计上经常采用的方法。

7.3　伪速度、伪加速度和三联反应谱

在第 6 章已介绍过有关伪谱和三联谱的相关背景知识，但较为粗略，本节进行更为详细的介绍。对于图 7-2 所示单自由度体系，其体系侧向力 $f_s = kx(t) = m\omega^2 x(t)$。因此体系所受力的大小并不由体系的绝对加速度反应确定。鉴于并不需要通过绝对加速度反应和相对速度反应确定体系的峰值位移或峰值作用力，在研究中通常采用式(7-5)通过位移反应谱计算伪加速度反应谱(简记为 PS_a)和伪速度反应谱(简记为 PS_v)。下面介绍“伪”谱与“真实”谱之间的区别。

$$PS_a = \omega PS_v = \omega^2 S_d \tag{7-5}$$

图 7-3(a)给出了伪速度谱 PS_v 与相对速度谱 S_v 的对比情况。从图中可以看出，对于长周期结构 PS_v 小于 S_v，且周期越长，差别越大，这是因为当周期很长时，虽然有地震动作用，但体系却几乎保持静止，这样体系的相对位移趋向于地面位移，体系的相对速度也趋向于地面速度。由于体系的周期很长，其对应的自振频率很小，由式(7-5)可知，伪速度将趋近于 0。为了考察不同阻尼比情况下，相对速度谱和伪速度谱的差别，图 7-3(b)给出了不同阻尼比时(分别为 0.02、0.05 和 0.1)相对速度谱与伪速度谱的比值。从图中可以看出，在长、短周期范围内，两者的差别随阻尼比的增加而增加，而在中周期范围，不同阻尼比对应的相对速度和伪速度谱均差别不大。

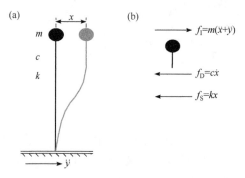

图 7-2　单自由度体系力学分析模型

下面讨论绝对加速度谱和伪加速度谱的差别。对于无阻尼体系，两者是相同的，这是因为当阻尼比为 0 时，可满足如下方程：

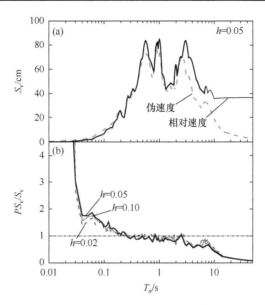

图 7-3　埃尔森特罗地震动伪速度与相对速度反应谱对比

$$\ddot{x} + \ddot{y} = -\omega^2 x \tag{7-6}$$

式(7-6)取最大值后，即为

$$S_a = \left|\ddot{x} + \ddot{y}\right|_{max} = \left|-\omega^2 x\right|_{max} = \left|\omega^2 x\right|_{max} = PS_a \tag{7-7}$$

因此当阻尼比为 0 时，绝对加速度谱和伪加速度谱是相等的。而当阻尼不为 0 时，两者将有所差别，这也可以从物理概念上获得解释，因为体系的最大弹性恢复力为

$$k\left|x\right|_{max} = kS_d = k\frac{PS_a}{\omega^2} = mPS_a \tag{7-8}$$

mS_a 是弹性恢复力和阻尼力峰值之和，而伪加速度只是给出了体系的弹性恢复力，因此伪加速度小于绝对加速度。图 7-4 给出了埃尔森特罗地震动的绝对加速度谱和伪加速度谱的对比情况。图中给出了阻尼比为 0.05 的绝对加速度谱和伪加速度谱，以及三种不同阻尼比下绝对加速度与伪加速度的比值，从图中可以看出，当阻尼比为 0.05 时，加速度谱和伪加速度谱差别很小，几乎可以认为两者是相等的。对于任何的阻尼比，两者在短周期频段相差很小，但对长周期和大阻尼体系，两者的差别不可忽略。需要指出的是，在地震动加速度反应谱的研究中很多学者仍采用绝对加速度反应谱作为分析对象，由于阻尼比大都取 0.02 或 0.05，其分析结果与采用伪加速度反应谱进行分析的结果相差不大，但理论上应该当分析伪加速度反应谱的特性。

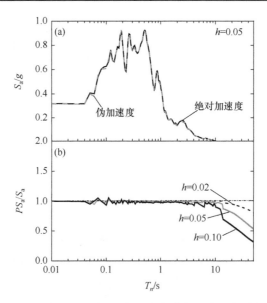

图 7-4　埃尔森特罗地震动绝对加速度与伪加速度反应谱的对比图

由于伪加速度谱、伪速度谱和位移谱之间存在式(7-5)的关系，取它们的对数可以得到

$$\left.\begin{aligned} \log PS_a &= \log PS_v + \log \omega \\ \log S_d &= \log PS_v - \log \omega \end{aligned}\right\} \tag{7-9}$$

这样可以把三种反应谱 PS_a、PS_v 和 S_d 的谱值画在同一坐标图上，在研究中通常称这种谱形式为三联谱。

图 7-5 给出了埃尔森特罗地震动的三联反应谱，图中横坐标为周期，纵坐标为伪速度谱谱值，位移谱和伪加速度的坐标分别为与周期坐标轴倾斜 +45°(顺时

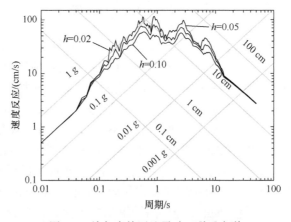

图 7-5　埃尔森特罗地震动三联反应谱

针转45°)和–45°(逆时针转45°)的坐标轴,这两个坐标轴也为对数坐标轴。由上述分析知,位移反应谱、伪速度谱和伪加速度谱包含相同的信息,只要知道一个谱,其余的谱就可以通过解析关系式获得。而画出三联谱的一个很重要的原因是每种谱都直接与具有明确物理意义的设计值相关,如位移谱表示最大的位移,伪速度谱与体系中的应变能直接相关,而伪加速度与设计作用力相关。通过三联谱即可以直观方便地确定体系的三个物理量,从而方便进行工程结构的抗震设计。

7.4 标准反应谱

在图7-6(a)中,假设对质量为m、弹簧常数为k、阻尼常数为h与固有周期为T(或固有频率为ω)的单质点系,施加地震动加速度为$\ddot{y}(t)$。设质点对于地面的相对位移为$x(t)$,则作用于质点的绝对加速度为$\ddot{x}(t)+\ddot{y}(t)$。

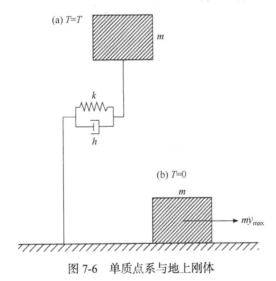

图 7-6 单质点系与地上刚体

现在用下列式子,将作用于质点的绝对加速度的最大值,即峰值加速度反应,与地震动加速度最大值之比,定义为一个无量纲量$\bar{q}_{a}$

$$\bar{q}_{a} = \frac{(\ddot{x}+\ddot{y})_{\max}}{\ddot{y}_{\max}} \tag{7-10}$$

$\bar{q}_{a}$为加速度反应对地震动的放大倍数。

由式(6-64)

$$(\ddot{x}+\ddot{y})_{\max} = \omega^2 \cdot x_{\max}$$

如按照前面的式(6-6),由于

$$\omega^2 = \frac{k}{m}$$

所以

$$(\ddot{x} + \ddot{y})_{\max} = \frac{k \cdot x_{\max}}{m} \tag{7-11}$$

因此，式(7-10)可写为

$$\bar{q}_a = \frac{k \cdot x_{\max}}{m \ddot{y}_{\max}} \tag{7-12}$$

因为该式的分子为弹簧常数与质点的最大位移的乘积，也就是作用于图7-6(a)中所示的质点系的最大剪力。

另一方面，式(7-12)的分母是如图7-6(b)给出的质量为 m 的刚体稳置于地上时作用于这个刚体的最大惯性力。因此，$\bar{q}_a$ 为作用于单质点系的最大剪力与同一质量刚体放在地上时所受的最大力的比。还有，如单质点系的弹簧极为坚硬，它的极端情况就是刚体，所以刚体的固有周期为 $T = 0$。

如按照式(6-63)，$\bar{q}_a$ 又可写为

$$\bar{q}_a = \frac{S_a}{\ddot{y}_{\max}} \tag{7-13}$$

如前所述，S_a 为质点系的阻尼常数 h 与无阻尼固有周期 T 的函数，所以 $\bar{q}_a$ 也是 h 与 T 的函数，即为 $\bar{q}_a(h, T)$。因此，与前面的反应谱的情况相同，将 h 作为参数，把 $\bar{q}_a(h, T)$ 对照固有周期画成图形，就叫做标准加速度反应谱。图7-7为埃尔森特罗地震动的标准加速度反应谱。

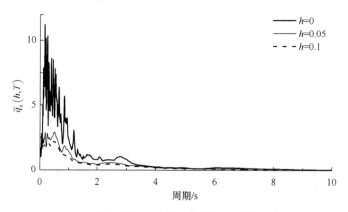

图 7-7　埃尔森特罗地震动的标准加速度反应谱

因为 $T = 0$ 是刚体的固有周期，显然

$$\overline{q}_a(h,0)=1$$

因此，不论地震动的种类及阻尼常数的取值，标准加速度反应谱总是从纵坐标轴上等于1的点出发的。

与式(7-10)或式(7-13)一样，可以作出下列的定义

$$\overline{q}_v(h,T)=\frac{\dot{x}_{max}}{\dot{y}_{max}}=\frac{S_v}{\dot{y}_{max}} \left.\begin{array}{c}\\ \\ \\ \\ \end{array}\right\}$$
$$\overline{q}_d(h,T)=\frac{x_{max}}{y_{max}}=\frac{S_d}{y_{max}}$$

(7-14)

分别称为标准速度反应谱、标准位移反应谱，与上面谈到的标准加速度反应谱合起来，总称为标准反应谱(normalized response spectrum)。通常所谓标准化就是将某一变量用相同性质的某一不变量去除，使它用无量纲的量来表示。如式(7-10)与式(7-14)所示，标准反应谱就是将反应谱分别除以对应的地震动的最大值，使之标准化。因此，如将图6-10与图7-7进行比较，两者只是在纵轴上的数值不同，而曲线的形状是相同的。标准化后的反应谱用于比较两个以上加速度值不同的地震动反应特性时，最为合适。

当单自由度体系为线性体系时，地震动峰值对反应谱的影响是线性的，即地震动反应谱值随地震动峰值的变化而同比例变化。因此，在地震动反应谱的研究中，研究者普遍认为地震动峰值仅对地震反应谱值的大小有影响，而对反应谱的形态无影响。为了讨论不同因素对加速度反应谱形态的影响规律，通常将加速度反应谱除以地震动的峰值加速度(PGA)得到标准加速度反应谱以消除地震动峰值的影响。通常也称为规准反应谱或动力放大系数曲线。同理，速度反应谱可以采用地震动的峰值速度(PGV)进行标准化，位移反应谱可采用地震动的峰值位移(PGD)进行标准化。但PGA、PGV 和 PGD 并不是唯一的一组用于标准化反应谱的参数。

图 7-8 为埃尔森特罗地震动规准化后的三联反应谱，即位移反应谱、伪速度谱和

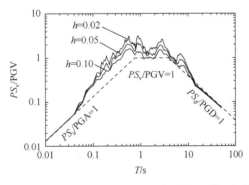

图 7-8　埃尔森特罗地震动规准化后的三联反应谱

伪加速度谱均用地震动的 PGD、PGV 和 PGA 规准化。对于周期非常短的体系，最大伪加速度反应接近于地面峰值加速度，对于周期非常长的体系，相对位移反应接近于地震动的峰值位移。

7.5　双规准反应谱

双规准反应谱(bi-normalized response spectrum)是在标准反应谱的基础上，再将横坐标无量纲化，即采用一个周期值去除反应谱的横坐标，如加速度反应谱峰值所对应的周期。对于双规准反应谱，其纵坐标的规准化是为了消除不同地震动强度对反应谱谱值的影响，横坐标的规准化则主要是消除不同频率成分对反应谱形状的影响。这种双规准反应谱的方法早在 20 世纪五六十年代用于分析地震动反应谱的特性，如文献[18, 19]曾采用这种方法分析脉冲型地震动反应谱的特性。徐龙军和谢礼立首先在其研究中将这种方法命名为双规准反应谱[20, 21]。

为了说明地震动加速度反应谱、标准加速度反应谱和双规准加速度反应谱各自的特征，选取了 3 次地震中的 4 条地震动，图 7-9 给出了这 4 条地震动的加速度时程，具体参数见表 7-2。表中场地分类参考美国 *Uniform Building Code*1997(简

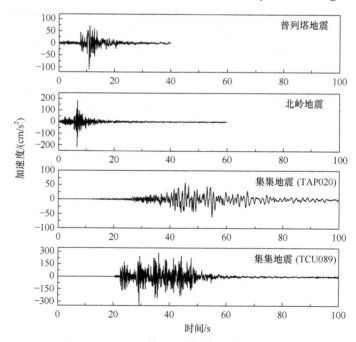

图 7-9　4 条地震动加速度时程

称 "UBC97"）。图 7-10(a)～(d)分别给出了 4 条地震动记录的规准化傅里叶谱、加速度反应谱、标准加速度反应谱和双规准加速度反应谱。由图可知，受地震动强度的影响，不同记录的加速度反应谱之间存在显著差异。在消除了加速度幅值的影响之后，标准反应谱表现出较好的规律性，但地震动谱形态之间仍存在显著差别。在对横坐标规准化后，不同地震动记录之间的双规准化反应谱形态非常相近，相对标准反应谱表现出更好的一致性。

表 7-2　4 条地震动主要参数

地震名称	台站	矩震级	震中距/km	PGA /(cm/s²)	场地类别	规准周期 T_P /s
普列塔地震	圣弗兰·迪亚	7.1	98.4	110.8	SC	0.39
北岭地震	胡塞克湖 9#	6.7	43.7	221.2	SB	0.17
集集地震	TAP020	7.6	149.9	58.9	SE	1.11
	TCU089		7.5	343.4	SC	0.34

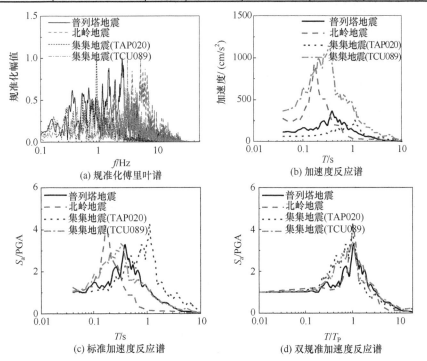

图 7-10　规准化傅里叶谱、加速度反应谱、标准加速度反应谱和双规准加速度反应谱的对比

$(h = 0.05)$

7.6　非弹性反应谱

7.6.1　等延性反应谱

考虑设计的经济性，结构在较大震级地震作用下不可避免地要进入弹塑性阶段[22]。为提高结构抗震设计的精度与计算的准确性，必须研究非弹性谱。上文所述反应谱均为弹性反应谱。非弹性谱与弹性谱的区别在于进行时程分析时，体系的力-位移曲线不同，即本构关系不同。图 7-11 为理想弹塑性体系及其相应的弹性体系的力-位移本构关系图。由图可知，弹塑性体系与其相应的弹性体系具有相同的初始刚度 k，理想弹塑性体系的屈服力为 f_y，对应的屈服位移为 u_y，体系的最大非弹性位移为 u_m。u_m 与 u_y 的比值能够反映体系的延性水平，定义为延性系数，记为 μ。若体系一直保持弹性(图 7-11 中虚线段)，体系的最大位移反应为 u_0，保持体系完全弹性所需要的最小侧向恢复力为 f_0。图 7-12 为计算时程反应时理想弹塑性体系的恢复力模型，其两个方向的屈服力相同，当 $|f_s|<|f_y|$ 时，加载与卸载刚度系数为结构的初始刚度系数。

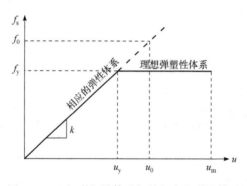

图 7-11　理想弹塑性体系与其相应的弹性体系

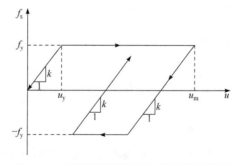

图 7-12　理想弹塑性体系力-位移关系曲线

　　非弹性反应谱通常分为等延性反应谱和等强度反应谱。等延性反应谱是单自由度非弹性体系在达到目标延性状态下，体系在地震动作用下的最大反应量与体系周期的函数。在研究中我们主要关注的反应量为非弹性位移比、强度折减系数、加速度峰值反应、速度峰值反应和位移峰值反应。非弹性体系在地震动作用下的最大非弹性位移与其相应弹性体系在相同地震动作用下的最大弹性位移间的比值称为非弹性位移比[23]，即 $C=u_{\mathrm{m}}/u_0$。强度折减系数定义为体系保持完全弹性时所需的最小强度与体系的屈服强度之比[22]。对于图 7-12 所示体系，强度折减系数可由 f_0 与 f_y 之间的比值确定，即 $R=f_0/f_y$。在工程实践中，一般采用等延性谱进行新建结构的抗震设计，采用等强度谱评估已建结构的抗震性能。等强度谱是单自由度非弹性体系在强度折减系数 $R=f_0/f_y$ 恒定的状态下，体系的最大反应量与体系周期的函数。相对于等延性谱，等强度谱不需要迭代求解，计算较为简便。

　　图 7-13～图 7-15 给出了一组 53 条地震动的平均等延性绝对加速度反应谱、平均相对速度反应谱和平均相对位移反应谱。在计算时，单自由度体系阻尼比取 5%，周期介于 0.01～10 s，按照对数坐标等间距取 31 个周期点，延性系数 $\mu=1$，

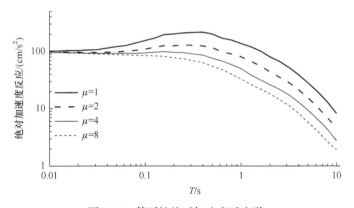

图 7-13　等延性绝对加速度反应谱

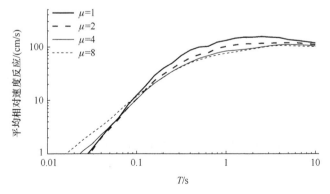

图 7-14　等延性平均相对速度反应谱

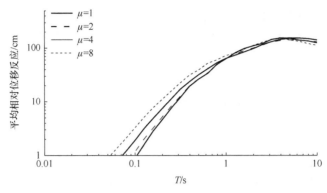

图 7-15　等延性平均相对位移反应谱

2, 4, 8，采用图 7-12 所示的理想弹塑性恢复力模型，其两个方向的屈服力相同，当$|f_s|<|f_y|$时，加载与卸载刚度为结构的初始刚度。为得到体系在目标延性状态下的反应，在计算时逐渐降低屈服力 f_y，直到延性值与目标延性的相对误差(|延性−目标延性|/|目标延性|)小于 1%。由图 7-13 和图 7-15 可知，延性系数越大，单自由度体系的绝对加速度反应越小。当周期较大时，不同延性系数的相对位移反应差别不大。

7.6.2　等延性位移比谱

在基于位移的抗震设计方法中，精确地预估结构的最大非弹性位移是其主要研究内容之一。一种简便且被普遍接受的方法便是采用非弹性位移比评估结构的最大非弹性位移[24-26]。Newmark 等首先采用这种方法分析真实地震动记录和简单脉冲的非弹性位移比谱的特性，并提出了著名的等位移原理[27,28]。目前，国内外许多学者已开展了大量的关于非弹性位移比的研究工作，并得到了许多有价值的结论。

为探讨脉冲型地震动等延性位移比谱诸多特征的产生原因，本节对比分析了原始地震动和 4 种分量的位移比谱。鉴于单自由度体系在地震动和简单波形荷载作用下的反应之间存在着简单直接的关系[28]，本节采用文献[29]提出的简谐地震动模型作为简单分量的简化。图 7-16 是三种模型地震动的加速度时程图。其中，模型 1 与模型 2 的振动周期分别为 1 s 和 2 s，加速度峰值为 1；模型 3 是模型 1 与模型 2 的线性叠加，并将其加速度时程同比缩放至峰值为 1。由地震动模型的等延性位移比谱(图 7-17)知，模型 2 的位移比谱最大，模型 3 其次，模型 1 最小，模型 1 和模型 2 位移比谱的最小值点对应的周期与模型的振动周期相等。

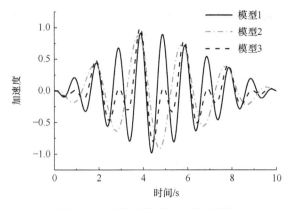

图 7-16　地震动模型加速度时程图

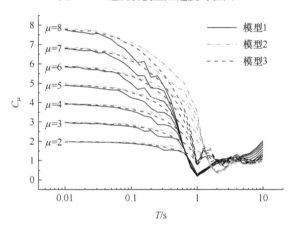

图 7-17　地震动模型等延性位移比谱

7.6.3　等延性强度折减系数谱

在基于强度的抗震设计中，为反映地震作用下结构的非弹性滞变特性，一般采用强度折减系数对地震力进行折减。同时，强度折减系数也是基于性态的抗震设计理论中确定非弹性反应谱的主要依据[22]。目前关于强度折减系数的研究已有大量的文献可以参考，但对于脉冲型地震动的强度折减系数尚缺乏系统的研究。文献[30]对脉冲型地震动与远场地震动的强度折减系数在加速度敏感区、速度敏感区以及位移敏感区的特性进行了分析，其指出，在加速度敏感区脉冲型地震动的强度折减系数明显小于远场地震动的强度折减系数，即在延性状态相同时结构在脉冲型地震动作用下需要更大的强度需求。文献[31]对脉冲型和非脉冲型地震动的强度折减系数谱进行了分析，其分析结果与文献[30]的研究结果大致相同。这些研究大都是宏观地阐述脉冲型地震动与普通地震动的区别，并未深入探究这些现象产生的原因。本节通过分析地震动分量和简谐地震动模型的非弹性反应谱的特性，探讨脉冲型地震动强度折减系数谱诸多特征产生的原因。

由地震动模型的等延性强度折减系数谱知(图 7-18)，谱峰值周期与模型的振动周期一致；当体系周期远小于振动周期时，谱值趋近于 1；当体系周期远大于振动周期时，谱值呈波浪状逐渐变小；虽然模型 1 与模型 2 的加速度幅值一致，但周期较小的模型的强度折减系数谱值较大；模型 3 是前两种模型的组合，但谱值最小。

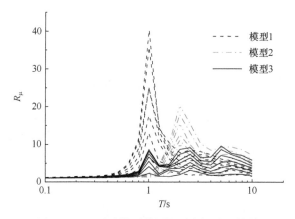

图 7-18　地震动模型等延性强度折减系数谱

7.7　输入能量谱

结构在地震动作用下的响应是一个连续的能量输入和耗散过程，输入能量综合考虑了地震动的频率含量、持续时间、振幅及结构的耗能特性，可以很好地预测地震的潜在破坏能力。因此，在结构抗震设计和地震危险性评估中，输入能量可作为一种潜在破坏势参数。输入能量主要分为相对输入能量和绝对输入能量。下面分别对两种输入能量的计算原理进行推导。

7.7.1　相对输入能量的推导过程

由式(6-5)知，单自由度系统在水平地震动作用下的运动方程为

$$m\ddot{x}_t + c\dot{x} + f_s = 0 \tag{7-15}$$

式中，m 为单自由度体系质量，c 为体系的阻尼比，f_s 为系统的恢复力（ $f_s = kx$ ），$\ddot{x}_t = \ddot{x} + \ddot{y}$ 表示体系的绝对加速度。考虑系统是否与地面发生相对位移可将系统运动情况分为两种情况，简记 x_t 表示系统的绝对位移，x 表示系统相对于基底的相对位移。

对式(7-15)两边积分得

$$\int m\ddot{x}_t \mathrm{d}x + \int c\dot{x}\mathrm{d}x + \int f_s \mathrm{d}x = 0 \tag{7-16}$$

由于 $x_t = x + y$，于是式(7-16)第一项可变为

$$\int m\ddot{x}_t \mathrm{d}x = \int m(\ddot{x} + \ddot{y})\mathrm{d}x = \int m\frac{\dot{x}}{\mathrm{d}t}\mathrm{d}x + \int m\ddot{y}\mathrm{d}x = \frac{m(\dot{x})^2}{2} + \int m\ddot{y}\mathrm{d}x \tag{7-17}$$

将式(7-17)代入式(7-16)可得

$$\frac{m(\dot{x})^2}{2} + \int c\dot{x}\mathrm{d}x + \int f_s \mathrm{d}x = -\int m\ddot{y}\mathrm{d}x \tag{7-18}$$

等式右边即为地震动的相对输入能量 $E_{\text{In\_R}}$，等式左边三项分别表示系统的相对动能 E_K、阻尼耗能 E_C 和吸收能量 E_A。

7.7.2　绝对输入能量的推导过程

下面根据类似原理对绝对输入能量进行推导。由 $x = x_t - y$，于是式(7-16)左边第一项可变为

$$\int m\ddot{x}_t \mathrm{d}u = \int m\ddot{u}_t (\mathrm{d}x_t - \mathrm{d}y) = \int m\frac{\dot{x}_t}{\mathrm{d}t}\mathrm{d}x_t - \int m\ddot{x}_t \mathrm{d}y = \frac{m(\dot{x}_t)^2}{2} - \int m\ddot{x}_t \mathrm{d}y \tag{7-19}$$

将式(7-19)代入式(7-16)可得

$$\frac{m(\dot{x}_t)^2}{2} + \int c\dot{x}\mathrm{d}x + \int f_s \mathrm{d}x = \int m\ddot{x}_t \mathrm{d}y \tag{7-20}$$

等式右边表示地震动的绝对输入能量 $E_{\text{In\_A}}$，等式左边三项分别表示系统的绝对动能 E_K'、阻尼耗能 E_C 和吸收能量 E_A，其中 E_A 可分为结构的弹性势能 E_F 和滞回耗能 E_H 两部分。

7.7.3　计算分析

无论是绝对输入能量，还是相对输入能量，在分析时一般先消除质量的影响，采用等效能量速度代替输入能量值，见式(7-21)。

$$V_E = \sqrt{\frac{2E_{\text{In}}}{m}} \tag{7-21}$$

地震动的绝对输入能量和相对输入能量在中长周期范围内比较接近，而在短周期和超长周期存在较大差异。虽然绝对输入能量具有更为明确的物理意义，由于其包含了系统与地面做伴随运动时与结构变形无关的位移，而结构变形更多与相对位移有关，在描述地震对结构作用时绝对输入能量不如相对输入能量清晰直观，因此相对输入能量在基于能量的抗震研究中使用较为广泛。

本节以埃尔森特罗地震动为例，计算了弹塑性条件下的输入能量谱如图 7-19

所示。弹塑性本构模型选用应用较为广泛的双线性模型。图 7-19 中 C_y 为屈服强度系数，C_y 越小，表示系统塑性程度越大；C_y 越接近 1 时，表示系统塑性程度越小；当 C_y 等于 1 时，系统只发生弹性反应。

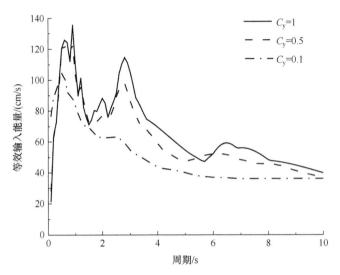

图 7-19　　不同弹塑性条件下的输入能量谱

7.8　影响地震动反应谱的主要因素

反应谱的平均特征与许多因素有关，如场地条件、震级大小、震中距离、传播途径及震源机制等。在这些因素中，有证据表明场地条件、震级大小和震中距离对反应谱的影响更为重要[32]。

7.8.1　场地条件

在 1971 年的美国圣费尔南多地震之前，受地震动数目的限制并未得到确定性的有关场地等因素对地震动反应谱影响的结论。早期研究中最具有代表意义的是文献[33]和[34]，其讨论了场地条件对日本地震动反应谱的影响。这两篇经典文献的分析结果均表明场地条件对地震动反应谱形态的影响非常显著。1972 年，Newmark 等学者在一次学术报告中首次考虑了场地因素对地震动参数的影响[35]。报告中建议，对于设计地震动峰值加速度为 1g 的冲积土场地，其峰值位移和峰值速度应分别为 36 in(96.52 cm)和 48 in/s(121.92 cm/s)；对于设计地震动峰值加速度为 1g 的岩石(rock)场地，其峰值位移和峰值速度应分别为 12 in(30.48 cm)和 28 in/s(71.12 cm/s)。此外，报告指出两类场地震动反应谱之间存在很大的差异，但受记录数目的限制并没有给出确定性的结论。

在 1971 年的圣费尔南多地震中所获得的丰富的地震动记录为综合分析场地等因素对地震动反应谱的影响提供了数据基础。1976 年，文献[36]和[37]分别系统地讨论了场地条件对地震动反应谱的影响。这是早期分析场地条件对地震动反应谱影响最具代表性的两篇论文。文献[36]计算了来自 23 次地震的 104 条水平地震动分量 $h=5\%$ 时的反应谱，并按照场地条件分为 4 类，其分析结果显示(图 7-20)，场地条件对地震动反应谱形态的影响非常明显。文献[37]选用了 162 条水平地震动水平分量，其研究结果(图 7-21)同样表明场地条件对谱形态具有显著的影响。此外，文献[37]分析了地震动参数对地震动反应谱的影响。研究表明 $PGA \times PGD / PGV^2$ 能够显著影响谱形态，在速度区，比值较小时谱形态较为尖锐，比值较大时谱形态较为扁平。

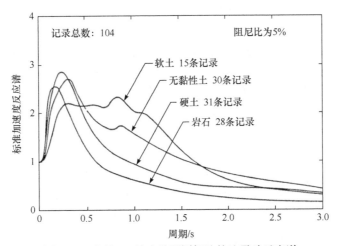

图 7-20 文献[36]给出的不同场地的地震动反应谱

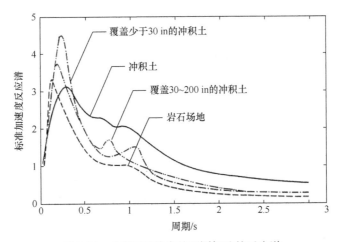

图 7-21 文献[37]给出的不同场地的反应谱

目前，场地条件对地震动反应谱的影响仍是地震工程和土木工程领域的热点研究问题之一，所讨论的问题也逐步深入，如文献[38]分析了液化场地地震动的放大系数，文献[39]和[40]提出了新的场地分类方法并用于反应谱的分析；文献[41]分析了场地条件对非弹性反应谱的影响。在近年来比较热门的地震危险性分析中，场地条件也是必须考虑的重要因素之一[42, 43]。

7.8.2　震级因素

由于震级对既定场地的峰值加速度会产生影响，于是震级对反应谱值具有显著的影响，但在早期的研究中并未考虑震级对加速度反应谱形态的影响。随着地震动数据记录逐渐积累，不少学者逐渐认识到震级对加速度反应谱形态有一定的影响。文献[44]和[45]讨论了按场地分类之后震级对反应谱的影响。其研究表明，同一类场地上随震级的增大规准反应谱的谱值在中长周期段有明显的增大趋势。文献[46]给出的不同场地的伪速度反应谱值的估计公式也表明相同的结论。文献[47]讨论了冲积层场地上不同震级地震动的放大系数谱，其研究表明，震级介于6～7级地震动的放大系数比震级介于5～6级地震动的放大系数明显偏大。在研究中，学者们均会考虑震级对地震动反应谱的影响，并将所选地震动记录按照震级分类[48, 49]。

7.8.3　距离因素

毋庸置疑，距离是影响地震动反应谱值的重要因素。随着距离的增大，PGA将逐渐衰减。因此，距离对地震动的谱加速度具有显著影响。研究表明，由于地震动的传播效应，当距离较远时地震动中的长周期成分会增多，即距离对地震动加速度反应谱形态也有一定的影响，但并不显著。在研究中距离因素也是划分地震动类别的重要参数之一。文献[47]将洛马普列塔地震中大量的记录数据按震中距大小分组后的结果表明，基岩场地上，在 0.5 s 以后的中低频段近场地震动规准谱的谱值小于中远场地震动规准谱的谱值，而在反应谱的高频段近场地震动规准谱的放大效应明显，但震源距离对软弱土场地上反应谱的影响较小。

7.8.4　方向性效应和上下盘效应

近年来大地震的发生及其造成的近场震区的严重破坏引起人们对近场地震动的极大关注。近场地震动的主要特征是断层破裂的方向性效应和逆冲断层地震中的上、下盘效应。普遍认为断层机制、深度和断层活动频度是影响近场地震动的重要因素[50-52]。上、下盘效应多见于逆冲断层地震，它主要是由断层上盘的场地更靠近断裂面引起的。上盘效应主要表现为上盘地震动的幅值大于下盘地震动[53]。对集集地震近场地震动的研究[54-56]表明，位于断层上盘的地震动幅值明显高于下盘地震动。文献[57]研究认为上盘地震动峰值约是近场地震动峰值平均水平的 1.5

倍。文献[58]研究认为逆冲断层地震动的峰值加速度和速度约是走滑断层的 1.4～
1.6 倍，文献[59]研究认为应该是 1.25 倍。考虑断层机制的衰减关系研究[60]表明，
逆冲断层地震动的加速度大于正断层与普通断层地震动。破裂的方向性效应是由
断层破裂方向的传播和剪切位错辐射模式引起的。当破裂的朝向与断层的滑动方
向一致时，在断层破裂朝向的前端产生向前的方向性效应，在相反的方向产生向
后的方向性效应[61]，位于方向性效应前端的工程结构将遭受较方向性效应后端更
为剧烈的破坏作用[62,63]。受方向性效应的影响，不同分量地震动(垂直、平行断层
方向)之间也存在一定的关系[64,65]。但文献[59]研究指出，由于很难确定断层的走
向与场地-震源位置矢量之间的方位角，因而在估计未来地震动中考虑方向性效
应的实用方法是较难确定的。总之，受震源机制、断层距及场地条件的影响，近
场地震动的特征显得十分复杂。

7.8.5 持时因素

地震动持时越长，结构在地震动作用下输入的能量越大，结构也越易发生破
坏[66-68]。因此，持时对地震动非弹性反应谱具有显著影响。根据结构动力学的理
论，持时因素对于地震动弹性反应谱的影响很小。此外，文献[69]研究表明，地震
动持时越长越易含有长周期成分。因此长持时地震动的反应谱在中长周期段的谱
值较大。

第8章 抗震设计谱

8.1 抗震设计谱与反应谱之间的关系

1934 年，毕奥[70]指出，"如果我们获得了大量地震动记录的反应谱，就可以采用这些谱的包络线作为一种标准谱去评估结构可能发生的最大地震反应"。1952 年根据美国"联合侧力委员会"的推荐，1956 年美国加利福尼亚州的抗震规范首次采用了反应谱理论，1958 年苏联的地震区建筑抗震设计规范也采用了反应谱理论。1959 年 Housner[17]对 4 次地震的 8 条地震动水平分量的反应谱进行平均和平滑化处理。这是第一条用于结构设计的源自真实地震动记录的设计谱，也是采用平均谱进行结构抗震设计的开端。其给出的加速度谱将 PGA 规准为 0.125 g。在使用时根据设计烈度确定设计加速度，然后对谱加速度进行调整。

20 世纪 60 年代中期，Newmark 等分析了多种地震动反应谱的特性，包括简单的地震动模型、由核爆炸得到的地震动记录和大量实测地震动记录[27]。其研究表明经平滑化处理后的地震动反应谱将表现出图 8-1 所示的谱形态。在长周期段谱位移 S_d 趋近于 PGD，在短周期段谱加速度 S_a 趋近于 PGA。T_A 与 T_F 之间可大致分为 5 个区间：①位于中间的放大谱速度区间($T_C \sim T_D$)；②位于中间段左侧的放大谱加速度区间($T_B \sim T_C$)；③位于中间段右侧的放大谱位移区间($T_D \sim T_E$)；④由

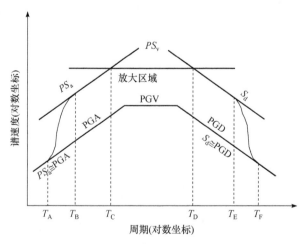

图 8-1 Newmark 给出的三联反应谱示意图

放大的谱位移到 PGD 的过渡段($T_E \sim T_F$)；⑤由 PGA 到放大的谱加速度的过渡段($T_A \sim T_B$)。

20 世纪 70 年代以后，随着强震观测技术和计算机技术的发展，反应谱理论逐渐得到了普遍推广和应用。截至目前，世界各国的规范仍采用反应谱方法计算建筑结构所可能遭受的地震作用。抗震设计谱通常指写入具体规范或标准中的用于指导建筑结构抗震设计的谱形式。抗震设计谱是工程结构抗震设计的重要依据，其也是地震工程领域的重点研究课题之一。

设计谱的确定一般以大量的地震动记录为数据基础，取相同或相近的条件(如相近的场地条件)下的多条记录，计算给定阻尼比时的加速度反应谱，并除以地震动记录的峰值加速度，进行统计分析取综合平均并结合经验判断给予平滑化得到标准反应谱，将标准反应谱乘以相应的地震系数，即为规范通常采用的地震影响系数曲线，也就是传统意义上所说的抗震设计反应谱[71]。设计谱的建立一般要经过 4 个过程，这 4 个过程可以简单地归结为：标准化、平均化、平滑化和经验化。标准化是指将地震动记录的绝对反应谱简单处理为标准反应谱的过程；平均化是设计谱建立过程中的主要工作，需要在地震动记录的选取与分类基础上进行，地震动记录的数量，其选取是否具有代表性，记录分类指标和分类方法的选择，分类程度的粗细等都会对平均结果产生较大的影响，也是不同研究结果之间存在差异的最主要原因；平滑化指按照一定的表达形式将平均结果简单处理为光滑线条或简单形状的过程；经验化则是根据专家的经验考虑最终确定设计谱的过程，一般需要结合经济状况、安全度及数据的离散情况而定。

8.2　我国建筑抗震设计谱发展历程

反应谱理论在我国的发展与应用经历了大约半个世纪的历程。1954 年，中国科学院土木建筑研究所在哈尔滨成立，开始了我国的工程抗震研究。1955 年翻译出版了苏联《地震区建筑规范(ПСП-101-51)》作为我国工程抗震工作的参考依据。1958 年刘恢先教授发表《论地震力》，提出采用反应谱理论进行抗震设计[72]。1959 年，我国第一本抗震设计规范《地震区建筑规范(草案)》问世，采用反应谱理论计算地震作用，给出的设计谱形式是采用绝对谱[图 8-2(b)]，规定按场地烈度进行设防，但并未考虑场地条件对反应谱的影响[73-75]。当时，我国是世界上极少数采用反应谱理论进行抗震设计的国家之一。随后，参考当时最新的研究成果，刘恢先教授首次提出将场地分成四类，不同场地采用不同设计谱曲线的思想[76,77]。1964 年，《地震区建筑设计规范(草案)》(简称 "64 规范")明确采纳了这一按场地分类给出设计谱的思想。"64 规范"是我国第一个自行编制并实施的建筑抗震设计规范,该规范中给出规准设计谱(即放大系数 β)的平台高度为 3,同时规定最小规准谱谱值不小于 0.6[图 8-2 (b)]。"64 规范"首次将场地土作为波的传播介质和结构物持力层的双重作用进行处理,并将场地土对地震波的影响反映在设计谱上[78, 79],给出了四类场地的设计谱特征周期,在小于特征周期的范围内,规准反应谱的谱值都取最大值 3。在该规范中,场地按物理指标和土层特征描述分类,考虑场地条件对反应谱的影响这一方法的引入要早于欧洲、美国和日本规范十余年。

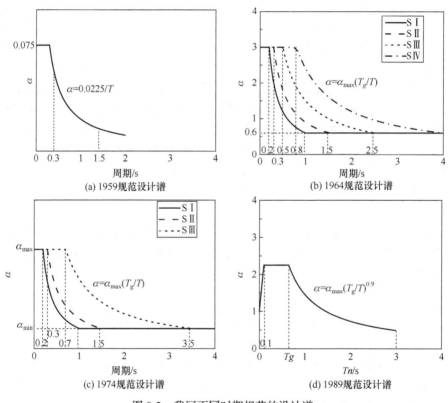

图 8-2　我国不同时期规范的设计谱

1966~1976 年,我国先后发生邢台、通海、海城和唐山等破坏性地震,通过震害调查,取得了大量震害资料,为抗震规范的编制提供了实践经验与启示。1974 年颁布了《工业与民用建筑抗震设计规范》(TJ11-74)(简称"74 规范"),该规范也是我国第一个正式批准的抗震规范。由于受强震观测地震资料的限制,"74 规范"将"64 规范"的四类场地调整为三类,场地的划分指标只依据宏观的土性描述,反应谱的特征周期也相应地进行了调整,反应谱的平台高度与平台起始周期以及对最小谱值的规定与"64 规范"相同,见图 8-2(c)。唐山地震后，在对"74 规范"进行局部修改和补充的基础上又颁发了《工业与民用建筑抗震设计规范》(TJ11-78)。

我国《建筑抗震设计规范》(GBJ11—89)(简称"89 规范")在充分总结 1975年海城地震与 1976 年唐山地震的震害教训并借鉴国外抗震规范的经验后，对反应谱的规定在"74 规范"的基础上做了比较大的修改。"89 规范"中场地的划分指标增加了覆盖层厚度和剪切波速，以场地土综合特征将场地类别改为四类。考虑到场地地震环境对反应谱的影响，规范中增加了按近震、远震进行设计的内容，反应谱的特征周期按场地类别和近远震给出，反应谱的高频段由原来的平台改为在 0 ~ 0.1 s 周期范围内的上升斜直线段，平台高度改为 2.25，不再限制反应谱的最小值，而是给出了反应谱的最大适用周期，见图 8-2(d)。

《建筑抗震设计规范》(GB50011—2001)(简称"2001 规范")将"89 规范"的周期范围延至 6 s，长周期位移控制段按下降斜直线段处理，不仅考虑近、远震，而且考虑了大震和小震，在考虑场地条件的基础上，分三组设计地震选取特征周期，此外还增加了阻尼比对反应谱值影响的内容。场地分类依据覆盖层厚度和剪切波速并适当调整了"89 规范"中四类场地的范围大小，其设计谱形状见图 8-3。

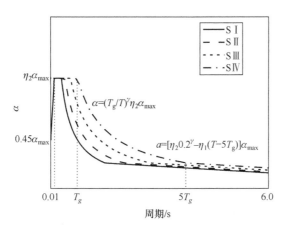

图 8-3　我国"2001 规范"设计反应谱

我国建筑抗震设计规范大致经过了 1959、1964、1974、1989、2001 规范和《建筑抗震设计规范》(GB50011—2010)(简称"2010 规范")六次大的演变过程。然而，在经过几次演变之后，仍然不能说我国的设计谱已经足够准确到令人满意的程度。由于设计谱长周期段的谱值与高层或超高层钢结构的设计地震作用直接相关，我国"2001 规范"中长周期部分斜直线下降段的表达受到了工程界的广泛关注。原因是规范中不同阻尼比的设计谱在长周期段出现交叉且不收敛。如图 8-4所示，阻尼比为 0.2 的设计谱与阻尼比为 0.1、0.05 和 0.02 的设计谱分别在 3.5 s、

4.5 s 和 6 s 处出现了交叉。这一特征显然不符合实际地震动反应谱的变化规律。此外，对竖向地震作用和地下地震作用设计地震动参数的研究还不完善，也是值得进一步讨论的问题。目前，《建筑抗震设计规范》(GB50011—2010)中仍缺少对近场地震动设计谱的具体规定，根据现行"2010 规范"的规定，近场设计谱的特征周期小于中、远场设计谱对应的特征周期，这一规定与考虑方向性效应影响的近断层地震动的频谱特征显然相矛盾。

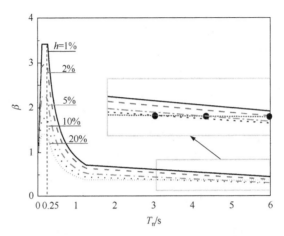

图 8-4　我国"2010 规范"中考虑阻尼影响的设计谱

从抗震设计规范的发展历史看，设计反应谱的演变是一个随着震害经验、强震记录的积累以及对地震动反应谱特性的不断认识而逐渐深入的过程，无论是考虑场地条件，还是考虑近远震的影响，从实质上讲，设计反应谱的演变都是朝着与场地地震环境逐步相关的方向发展，而场地地震环境的区别主要表现在场地特征周期和反应谱谱值上，《中国地震动参数区划图》也将反应谱的特征周期和地震动加速度作为反应谱的两个独立的参数[80, 81]。

8.3　不同国家和地区设计谱的对比

目前，世界各个国家的设计谱之间差异很大，甚至同一国家在不同时期的抗震设计谱之间也存在较大差别[82]。我国的建筑抗震设计规范虽经历了多次大的演变，每次演变都对设计谱作了比较大的修改和补充[83, 84]。即便如此，现行规范设计谱仍存在许多尚需要解决的问题[85-90]。为了探讨近些年来一些国家或地区建筑抗震规范中设计谱的发展状况及它们之间谱形态的差异，本章对比了 36 个国家或地区的规范设计谱，其信息见表 8-1。

表 8-1　一些国家或地区抗震设计反应谱参数

编号	规范类型	场地	K_A	K_B	放大系数 β_{max}	T_0/s	T_g/s	衰减指数 γ
1	中国 2001	I	1.00	1.00	2.25	0.10	0.25～0.35	0.90
		II	1.00	1.00	2.25	0.10	0.35～0.45	0.90
		III	1.00	1.00	2.25	0.10	0.45～0.65	0.90
		IV	1.00	1.00	2.25	0.10	0.65～0.90	0.90
2	美国 UBC1997	A	0.75～0.80	1.00	2.50	$0.20T_g$	0.40	1.00
		B	1.00	1.00	2.50	$0.20T_g$	0.40	1.00
		C	1.00～1.20	1.00	2.50	$0.20T_g$	0.53～0.58	1.00
		D	1.10～1.50	1.00	2.50	$0.20T_g$	0.58～0.60	1.00
		E	0.90～2.38	1.00	2.50	$0.20T_g$	0.55～1.07	1.00
		F	需	要	特	殊	考	虑
3	日本 1980	I	1.00	1.00	绝对谱	0.00	0.40	1.00
		II	1.00	1.00		0.00	0.60	1.00
		III	1.00	1.00		0.00	0.80	1.00
4	欧洲 EC8 1994	I	1.00	1.00	2.50	0.10	0.40	1.00
		II	1.00	1.00	2.50	0.15	0.60	1.00
		III	0.90	1.00	2.50	0.20	0.80	1.00
5	俄罗斯 1995	I	1.00	1.00	3.00	0.00	0.33	1.00
		II	1.00	0.90	2.70	0.00	0.42	1.00
		III	1.00	0.67	2.00	0.00	0.75	1.00
6	加拿大 1995	I	1.00	1.00	4.20～2.10	0.00	0.25～0.50	0.50
		II	1.30	1.00	4.20～2.10	0.00	0.25～0.50	0.50
		III	1.50	1.00	4.20～2.10	0.00	0.25～0.50	0.50
		IV	2.00	1.00	4.20～2.10	0.00	0.25～0.50	0.50
7	阿尔巴尼亚 1989	I	1.00	1.00	2.30	0.00	0.30	1.00
		II	1.3～1.33	0.87	2.00	0.00	0.40	1.00
		III	1.8～1.70	0.74	1.70	0.00	0.65	1.00
8	阿尔及利亚 1988	I	1.00	1.00	2.00	0.00	0.30	0.67
		II	1.00	1.00	2.00	0.00	0.50	0.67
9	阿根廷 1983	I	1.00	1.00	3.00	0.1～0.20	0.35～1.20	0.67
		II	1.0～1.13	1.00	3.00	0.1～0.30	0.60～1.40	0.67
		III	1.0～1.25	1.00	3.00	0.1～0.40	1.00～1.60	0.67
10	以色列 1990	I	1.00	1.00	2.50	0.00	0.20	0.33
		II	1.00	1.00	2.50	0.00	0.40	0.33
		III	1.00	1.00	2.50	0.00	0.4～0.80	0.33
		IV	1.00	1.00	2.50	0.00	0.4～1.40	0.33
		V	1.00	1.00	2.50	0.00	1.40	0.33

编号	规范类型	场地	K_A	K_B	放大系数 β_{max}	T_0 /s	T_g /s	衰减指数 γ
11	保加利亚 1983	I	1.00	1.00	2.50	0.00	0.36	1.00
		II	1.00	1.00	2.50	0.00	0.48	1.00
		III	1.00	1.00	2.50	0.00	0.64	1.00
12	马其顿 1995	I	1.00	1.00	绝对谱	0.00	0.30	1.00
		II	1.20	1.00		0.00	0.60	1.00
		III	1.40	1.00		0.00	0.90	1.00
13	哥伦比亚 1984	I	1.00	1.00	2.50	0.00	0.33	0.67
		II	1.20	0.83	2.08	0.00	0.44	0.67
		III	1.50	0.53	1.33	0.00	0.85	0.67
14	哥斯达黎加 1986	I	1.00	1.00	2.30	0.12	0.40	1.00
		II	1.00	1.00	2.30	0.12	0.50	1.00
		III	1.00	1.00	2.30	0.12	0.60	1.00
15	古巴 1995	I	1.00	1.00	2.50	0.15	0.40	0.80
		II	1.00	1.00	2.50	0.15	0.60	0.70
		III	1.00	0.80	2.00	0.20	1.00	0.60
		IV	1.00	0.80	2.00	0.20	1.50	0.50
16	多米尼加 1979	I	1.00	1.00	绝对谱	0.00	0.50	0.67
		II	1.20	0.83		0.00	0.66	0.67
		III	1.35	0.74		0.00	0.78	0.67
		IV	1.50	0.67		0.00	0.92	0.67
17	埃及 1988	I	1.00	1.00	绝对谱	0.00	0.40	两斜
		II	1.30	1.00		0.00	0.40	直下
		III	1.50	1.00		0.00	0.40	降段
18	埃塞俄比亚 1983	I	1.00	1.00	绝对谱	0.00	0.23	0.50
		II	1.25	0.83		0.00	0.34	0.50
		III	1.50	0.67		0.00	0.52	0.50
19	法国 1990	I	1.00	1.00	2.50	0.15	0.30	1.00
		II	1.00	1.00	2.50	0.20	0.40	1.00
		III	0.90	1.00	2.50	0.30	0.60	1.00
		IV	0.80	1.00	2.50	0.45	0.90	1.00
20	德国 1981	I	1.00	1.00	绝对谱	0.00	0.45	0.80
		II	1.10~1.20	1.00		0.00	0.45	0.80
		III	1.20~1.40	1.00		0.00	0.45	0.80
		IV	1.40	1.00		0.00	0.45	0.80

续表

编号	规范类型	场地	K_A	K_B	放大系数 β_{max}	T_0/s	T_g/s	衰减指数 γ
21	印度 1984	I	1.00	1.00	绝对谱	0.10	0.35	平均
		II	1.20	1.00		0.10	0.35	光滑
		III	1.50	1.00		0.10	0.35	曲线
22	印度尼西亚 1984	I	1.00	1.00	绝对谱	0.00	0.50	斜下
		II	1.30～1.70	1.00		0.00	1.00	降段
23	伊朗 1988	I	1.00	1.00	2.00	0.00	0.30	0.67
		II	1.00	1.00	2.00	0.00	0.40	0.67
		III	1.00	1.00	2.00	0.00	0.50	0.67
		IV	1.00	1.00	2.00	0.00	0.70	0.67
24	墨西哥 1995	I	1.00	1.00	4.00	0.20	0.60	0.50
		II	2.00	1.00	4.00	0.30	1.50	0.67
		III	2.50	1.00	4.00	0.60	3.90	1.00
25	尼加拉瓜 1983	I	1.00	1.00	绝对谱	0.10	0.50	1.00
		II	1.00	1.00		0.10	0.80	1.00
26	菲律宾 1992	I	1.00	1.00	2.50	0.15	0.40	0.67
		II	1.20	1.00	2.50	0.15	0.55	0.67
		III	1.50	1.00	2.50	0.20	0.90	0.67
		IV	需	要	特	殊	考	虑
27	葡萄牙 1983	I	1.00	1.00	绝对谱	0.00	0.18	0.50
		II	1.00	1.00		0.00	0.25	0.50
		III	1.00	0.80		0.00	0.50	0.50
28	西班牙 1992	I	1.00	1.00	2.50	0.00	0.15	1.00
		II	1.00	0.88	2.20	0.00	0.20	1.00
		III	1.00	0.76	1.90	0.00	0.25	1.00
29	土耳其 1996	I	1.00	1.00	2.50	0.10	0.30	0.80
		II	1.00	1.00	2.50	0.15	0.40	0.80
		III	1.00	1.00	2.50	0.15	0.60	0.80
		IV	1.00	1.00	2.50	0.20	0.90	0.80
30	委内瑞拉 1982	I	1.00	1.00	2.20	0.15	0.40	0.80
		II	1.00	1.00	2.20	0.15	0.60	0.70
		III	1.00	0.91	2.00	0.15	1.00	0.60
31	智利 1993	I	1.00	1.00	2.50	0.00	0.25	1.00
		II	1.00	1.10	2.75	0.00	0.35	1.25
		III	1.00	1.10	2.75	0.00	0.80	2.00
		IV	1.00	1.10	2.75	0.00	1.50	2.00

编号	规范类型	场地	K_A	K_B	放大系数 β_{max}	T_0 /s	T_g /s	衰减指数 γ
32	秘鲁 1977	I	1.00	1.00	绝对谱	0.00	0.30	1.00
		II	1.20	1.00		0.00	0.60	1.00
		III	1.40	1.00		0.00	0.90	1.00
33	澳大利亚 1995	I	1.00	1.00	2.50	0.00	0.20	0.67
		II	1.00	1.00	2.50	0.00	0.35	0.67
		III	1.00	1.00	2.50	0.00	0.50	0.67
		IV	1.00	1.00	2.50	0.00	0.65	0.67
		V	1.00	1.00	2.50	0.00	1.00	0.67
34	新西兰 1992	I	1.00	1.00	2.50	0.10	0.20	0.90
		II	1.00	1.00	2.50	0.15	0.30	0.90
		III	1.00	0.80	2.00	0.15	0.90	1.00
35	南斯拉夫 1981	I	1.00	1.00	绝对谱	0.00	0.50	1.00
		II	1.00	1.00		0.00	0.70	1.00
		III	1.00	1.00		0.00	0.90	1.00
36	罗马尼亚 1992	I	1.00	1.00	2.50	0.00	0.70	斜直
		II	1.00	1.00	2.50	0.00	1.00	线下
		III	1.00	1.00	2.50	0.00	1.50	降段

注: K_A、K_B 分别表示每类场地上的设计地震动峰值加速度 a_m 和规准设计谱的平台高度 β_{max} 与基岩场地上相应量值的比率。

在对比时，对于 11 个用绝对设计谱形式表示的设计谱，均将其按 $\beta_{max} = 2.5$ 的规准谱形式进行转换。由于不同国家或地区的规范中对于场地的划分指标和划分标准不同，很难在完全相同的场地条件对不同的设计谱进行比较。为尽量减小场地条件对设计谱对比结果的影响，本节仅将不同规范中给出的岩石场地和软土场地的设计谱进行了比较。因为，无论规范中场地的分类方法与场地种类多少，其场地中都有岩石场地和软土场地两类。对于大部分规范设计谱，其所规定的岩石场地的准则之间的差别一般不大。因此，不同规范中岩石场地上的设计谱形最有可比性，但不同规范中的软土场地的划分准则之间的差别较大。因此，不同规范中软土场地上的设计谱形之间的差别也较大。

图 8-5～图 8-7 给出了 36 个国家或地区的规范设计谱的统计分析参数图。由图知，这些不同的规范设计谱之间主要存在以下差异：

(1) 场地类别从 2 类到 6 类不等，其中将场地分为 3 类的规范占 55.56%，将场地分为 4 类的占 27.78%，分为 2 类的占 8.33%，分为 5 类的占 5.56%，只有美国将场地分为 6 类。对场地类别划分的指标、方法与粗细程度基本上反映了不同国家或地区对设计谱的研究深度与认识水平。

(2) 有 17 个规范设计谱考虑了场地条件对设计地震动峰值 a_m 的影响，其中除法国和欧洲规范考虑软土场地对 a_m 的减小作用外，其他规范均考虑软土场地对 a_m 的放大作用。通过对 K_A(软土层场地与岩石场地的 a_m 之比)的统计发现其值为 0.8 ~ 3.17 不等，平均值为 1.285。

(3) 大多数规范不考虑场地条件对规准谱高度 β_{max} 的影响，在 12 个考虑场地影响的规范中，只有智利规范规定软土场地对 β_{max} 有放大作用。有 4 个国家规范的 $\beta_{max} < 2$，但墨西哥和加拿大规范中的 β_{max} 达到了 4。对 K_B 统计的平均值为 0.920，但 K_B 的最小值仅 0.532。

(4) 除加拿大、埃及、德国和印度外，其他国家或地区均考虑采用增大特征周期 T_g 来反映软土场地对地震动中长周期段设计谱的放大作用。岩石场地与软弱土场地上 T_g 的平均值分别为 0.352 s 和 0.935 s，稍高于中国规范对应场地的周期值。设

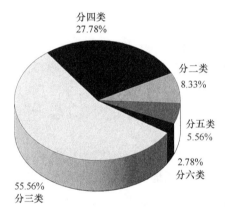

图 8-5　对 36 个规范中场地分类数的统计

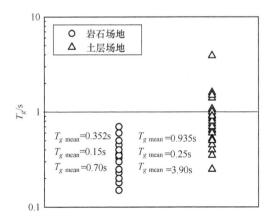

图 8-6　36 个规范中特征周期的统计

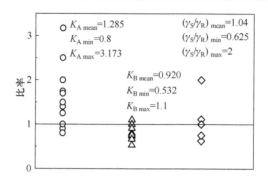

图 8-7　36 个规范中 K_A、K_B、(γ_S/γ_R)的统计

计谱第一拐角周期 T_0 的确定一般是经验考虑，不同国家针对不同场地分别采用不同的值，变化范围在 $0 \sim 0.6$ s 之间。对 T_0 的确定将显著影响到高频结构的抗震能力。

(5) 智利、古巴和墨西哥规范考虑了场地对设计谱下降段衰减速度参数 γ 的影响。不同规范中 γ 的差别很大，其值变化范围为 $0.33 \sim 2$，土层与岩石场地的 γ 值之比从 0.625 到 2 不等，γ 的确定对设计谱长周期段的影响明显。

8.4　抗震设计谱中的若干问题

影响地震动反应谱谱值 PS_a 的因素有震源机制 SM、震中距 ED、震源深度 FD、地质条件 GC、震级 M、场地条件 SC、阻尼比 ξ 和周期 T_n，可表示为

$$PS_a = PS_a(\text{SM}, \text{ED}, \text{FD}, \text{GC}, M, \text{SC}, \xi, T_n) \tag{8-1}$$

研究表明，对反应谱形状产生重要影响的因素主要有场地条件、震级和距离。目前，大多数国家的设计谱已经考虑场地条件、震级和距离的影响。研究指出，大震级地震的震源谱包含较多长周期成分，随距离的增加，高频成分逐渐衰减，长周期成分变得相对丰富。震害资料同样表明，大震级地震远距离处的长周期结构会发生较大程度的破坏。震源机制 SM、震源深度 FD 和地质条件 GC 对反应谱的影响仍无确切的结论，也尚未在规范中得到体现。

现行的各种抗震规范的设计谱大都是按场地类别给出的，但不同国家和地区的场地分类方法和指标存在很大差异，相应设计谱的特征周期之间也差别显著。另外，当研究者所选地震动记录不同时，其分析结果之间也会产生差异。如文献 [33,36] 的研究结果都表明软弱场地对反应谱长周期段的谱值有明显的放大作用，且软弱场地规准反应谱的峰值明显低于其他场地上的峰值，而文献 [91] 却得出岩石场地上反应谱谱值在长周期段也有明显放大倾向的结论，从文献 [92] 的研究结

果来看，不同场地上平均规准化反应谱的峰值并无较大的差别。又如文献[93]用 35 条地震动记录水平分量进行统计，得到平均规准反应谱的最大值为 3.3，文献[94]的研究结果为 3.04。文献[95-97]则建议 β_{max} 取 2.25，目前我国现行规范按 2.25 取用，美国 UBC97 规范取 2.5。

地震记录的选取会显著影响长周期段的规准反应谱值。当地震记录来自大震级、远距离台站时，地震动中会包含较多的长周期成分，不但使规准反应谱的峰值周期向长周期段推移，而且使规准反应谱值的衰减速度减慢。对规准反应谱平台高度的影响，主要是所采用的统计平均方法造成的。在将地震动规准化反应谱分类之后再进行平均，削平了规准反应谱的峰值，使平均谱变得光滑。此外，场地划分越细，每类场地的范围就越窄，如果所用的记录数量较少，且主要来自少数几次地震的相同场地上时，就会导致统计结果较大。

研究表明，每次大地震之后其记录得到的反应谱均表现出新的特征。分析新的地震反应谱特征，比较不同地震反应谱之间的异同，是更新现行规范设计谱的主要依据。按照这一思路，设计谱的发展完善只有在地震动记录的数量积累到一定程度时，才会得到比较理想和稳定的结果。因此，目前各国研究所都期望能在一个较长的时期内取得尽量多的强震观测记录，同时将能够影响设计谱的各种因素分得更细。但是也有学者认为目前所出现的这些问题一方面是因为设计谱的形状和大小受到了场地条件、震源参数及场地相对震源的距离和方位的强烈影响；而另一方面这些影响因素又十分复杂，虽然理论上可以但是实际上很难用简单的参数来代表和分类这些影响，解决这些问题不是仅依靠增加观测记录的数量就能解决的。

自美国 1932 年建设世界上第一个强震观测台站并于 1933 年获得第一条地震加速度记录以来，迄今已历时 80 余年，位于地震区的各国家和地区不惜重金建成或正在建设规模宏大的强震观测台网以不断获取新的强震数据[98,99]。目前关于地震动记录和设计谱有如下几个问题需要思考：

(1) 什么样的抗震设计谱是我们所需要的？为了得到这样的设计谱到底还需要多少和哪些强震记录？为了得到所想要的观测资料还要做怎样的努力？

(2) 对于没有强震记录或仅有少量强震记录的国家和地区来说应采用怎样的抗震设计谱？

(3) 我国虽然已获取一定数量的强震记录，但现行设计谱的建立主要使用的是国外强震记录，这是否合适？

参 考 文 献

[1] Wang H, Liu M, Cao J, et al. Slip rates and seismic moment deficits on major active faults in mainland China. Journal of Geophysical Research: Solid Earth, 2011, 116(B02405): 1-17.

[2] Gong M, Lin S, Sun J, et al. Seismic intensity map and typical structural damage of 2010 M_s 7.1 Yushu earthquake in China. Natural Hazards, 2015, 77(2): 847-866.

[3] 谢礼立. 2008 年汶川特大地震的教训. 中国工程科学, 2009, 11(6):28-36.

[4] 谢礼立, 曲哲. 论土木工程灾害及其防御. 地震工程与工程振动, 2016, 36(1): 1-10.

[5] 王亚勇. 汶川地震建筑震害启示——抗震概念设计. 建筑结构学报, 2008, 29(4): 20-25.

[6] 李宏男, 肖诗云, 霍林生. 汶川地震震害调查与启示. 建筑结构学报, 2008, 29(4):10-19.

[7] 谢礼立, 马玉宏. 现代抗震设计理论的发展过程. 国际地震动态, , 2003, 10(4): 1-8.

[8] 胡聿贤. 地震工程学. 2 版. 北京: 地震出版社, 2006.

[9] 孙丽. 国家地震台网地震定位方法的改进. 国际地震动态, 2016, (11): 12-16.

[10] Housner G W. Spectrum analysis of strong-motion earthquakes. Bulletin of the Seismological Society of America, 1953, 43(2): 97-119.

[11] Biot M A. Transient Oscillations Inelastic Systems. Pasadenn: California Institute of Technology, 1932.

[12] Biot M A. Theory of elastic systems vibrating under transient impulse with an application to Earthquake-Proof buildings. Proceedings of the National Academy of Sciences, 1933, 19(2): 262-268.

[13] Biot M A. A mechanical analyzer for the prediction of earthquake stresses. Bulletin of the Seismological Society of America, 1941, 31(2): 151-171.

[14] Biot M A. Analytical and experimental methods in engineering seismology. Transactions of the American Society of Civil Engineers, 1943, 108(1): 365-385.

[15] Krishna J. On Earthquake Engineering // State of the Art in Earthquake Engineering. Ankara, Turkish National Committee in Earthquake Eng: Kelaynak Publishing House, 1981.

[16] Housner G W. Characteristics of strong-motion earthquakes. Bulletin of the Seismological Society of America, 1947, 37(1): 19-31.

[17] Housner G W. Behavior of structures during earthquakes. Journal of the Engineering Mechanics Division, 1959, 85(4): 109-130.

[18] Alavi B, Krawinkler H. Consideration of near-fault ground motion effects in seismic design// Proceedings of the 12th World Conference on Earthquake Engineering, New Zealand, 2000.

[19] Mavroeidis G P, Dong G, Papageorgiou A. Near-fault ground motions and the response of inelastic SDOF systems. Earthquake Engineering and Structural Dynamics, 2004, 33(9): 1023-1049.

[20] 徐龙军, 谢礼立. 双规准化地震加速度反应谱研究. 地震工程与工程振动, 2004, 24(2):1-7.

[21] Xu L J, Xie L L. Bi-normalized response spectral characteristics of the 1999 Chi-Chi earthquake. Earthquake Engineering and Engineering Vibration, 2004, 3(2): 147-155.

[22] 翟长海, 谢礼立. 考虑设计地震分组的强度折减系数研究. 地震学报, 2006, 28(3): 284-294.

[23] Yaghmaei-Sabegh S. Application of wavelet transforms on characterization of inelastic

displacement ratio spectra for pulse-like ground motions. Journal of Earthquake Engineering, 2012, 16(4): 561-578.

[24] Ruiz-García J, Miranda E. Inelastic displacement ratio for evaluation of existing structures. Earthquake Engineering and Structural Dynamics, 2003, 32(8): 1237-1258.

[25] Ruiz-García J, Miranda E. Inelastic displacement ratios for evaluation of structures built on soft soil sites. Earthquake Engineering and Structural Dynamics, 2006, 35(6): 679-694.

[26] Ruiz-García J. Inelastic displacement ratios for seismic assessment of structures subjected to forward-directivity near-fault ground motions. Journal of Earthquake Engineering, 2011, 15(3): 449-468.

[27] Veletsos A S, Newmark N M, Chelapati C V. Deformation spectra for elastic and elastoplastic systems subjected to ground shock and earthquake motions//Proceedings of the 3rd World Conference on Earthquake Engineering, 1965, 2: 663-682.

[28] Veletsos A S, Newmark N M. Effect of inelastic behavior on the response of simple systems to earthquake motions. Department of Civil Engineering, University of Illinois, 1960: 895-912.

[29] 徐龙军, 赵国臣, 谢礼立. 基于分量分离方法的地震动反应谱研究. 天津大学学报, 2013, 46(11): 1003-1011.

[30] Chopra A K, Chintanapakdee C. Comparing response of SDF systems to near-fault and far-fault earthquake motions in the context of spectral regions. Earthquake Engineering and Structural Dynamics, 2001, 30(12):1769-1789.

[31] Gillie J L, Rodriguez-Mark A, Daniel C M. Strength reduction factors for near-fault forward-directivity ground motions. Engineering Structures, 2010, 32(1): 273-285.

[32] 徐龙军, 谢礼立, 胡进军. 抗震设计谱的发展及相关问题综述, 2007,23(2):46-57.

[33] Hayashi S H, Tsuchida H, Kurata E. Average response spectra for various subsoil conditions//Third Joint Meeting of US Japan Panel on Wind and Seismic Effects. Tokyo: UJNR, 1971.

[34] Kuribayashi E, Iwasaki T, Iida Y, et al. Effects of seismic and subsoil conditions on earthquake response spectra//Proc. Int. Conf. on Microzonation, 1972, 499-512.

[35] Newmark N M, Hall W J, Mohraz B. A study of vertical and horizontal earthquake spectra. Report WASH-1255, Directorate of Licensing, US Atomic Energy Commission, 1973.

[36] Seed H B, Ugas C, Lysmer J. Site-dependent spectra for earthquake-resistant design. Bulletin of the Seismological Society of America, 1976, 66(1): 221-243.

[37] Mohraz B. A study of earthquake response spectra for different geological conditions. Bulletin of the Seismological Society of America, 1976, 66(3): 915-935.

[38] Gingery J R, Elgamal A, Bray J D. Response spectra at liquefaction sites during shallow crustal earthquakes. Earthquake Spectra, 2015, 31(4): 2325-2349.

[39] Pitilakis K, Riga E, Anastasiadis A. New code site classification, amplification factors and normalized response spectra based on a worldwide ground-motion database. Bulletin of Earthquake Engineering, 2013, 11(4): 925-966.

[40] Di Alessandro C, Bonilla L F, Boore D M, et al. Predominant-period site classification for response spectra prediction equations in Italy. Bulletin of the Seismological Society of America, 2012, 102(2): 680-695.

[41] Mollaioli F, Bruno S. Influence of site effects on inelastic displacement ratios for sdof and mdof systems. Computers and Mathematics with Applications, 2008, 55(2): 184-207.

[42] Faccioli E, Paolucci R, Vanini M. Evaluation of probabilistic site-specific seismic-hazard methods and associated uncertainties, with applications in the Po Plain, Northern Italy. Bulletin of the Seismological Society of America, 2015, 105(5): 2787-2807.

[43] Bora S S, Scherbaum F, Kuehn N, et al. Development of a response spectral ground-motion prediction equation (GMPE)for seismic-hazard analysis from empirical Fourier spectral and duration models. Bulletin of the Seismological Society of America, 2015, 105(4): 2192-2218.

[44] Boore D M, Joyner W B, Fumal T E. Equations for estimating horizontal response spectra and peak acceleration from Western North American earthquakes: a summary of recent work. Seismological Research Letters, 1997, 68: 128-153.

[45] Joyner W B, Boore D M. Prediction of Earthquake Response Spectra. Open-file Report: US Geological Survey, 1982: 82-977.

[46] Crouse C B, Mcguire J W. Site response studies for purpose of revising NEHRP seismic provisions. Earthquake Spectra, 1996, 12(2): 407-439.

[47] Mohraz B. Influences of the magnitude of the earthquake and the duration of strong motion on earthquake response spectra//Proceedings of the Central American Conference on Earthquake Engineering, San Salvadore, 1978.

[48] Bozorgnia Y, Niazi M. Distance scaling of vertical and horizontal response spectra of the Loma Prieta earthquake. Earthquake Engineering and Structural Dynamics, 1993, 22(8): 695-707.

[49] Li B, Xie W C, Pandey M D. Newmark design spectra considering earthquake magnitudes and site categories. Earthquake Engineering and Engineering Vibration, 2016, 15(3): 519-535.

[50] Mcgarr A. Scaling of ground motion parameters, state of stress, and focal depth. Journal of Geophysical Research, 1984, 89: 6969-6979.

[51] Mcgarr A. Some observations indicating complications in the nature of earthquake Scaling. Earthquake Source Mechanics, 1986: 217-225.

[52] Kanamori H, Allen C R. Earthquake repeat time and average stress drop. Earthquake Source Mechanics, 1986, 37: 227-235.

[53] Abrahamson N A, Somerville P G. Effects of the hanging wall and footwall on ground motions recorded during the Northridge earthquake. Bulletin of the Seismological Society of America, 1996, 86(1B): 93-99.

[54] Loh C H, Lee Z K, Wu T C, et al. Ground motion characteristics of the Chi-Chi earthquake of 21 September 1999. Earthquake Engineering and Structural Dynamics, 2000, 29: 867-897.

[55] Sokolov V, Loh C H, Wen K L. Characteristics of strong ground motion during the 1999 Chi-Chi earthquake and large aftershocks: comparison with the previously established models. Soil Dynamics and Earthquake Engineering, 2002, 22: 781-790.

[56] Wang G Q, Zhou X Y, Zhang P Z, et al. Characteristics of amplitude and during for near fault strong ground motion from the 1999 Chi-Chi, Taiwan earthquake. Soil Dynamics and Earthquake Engineering, 2002, 22: 73-96.

[57] Shabestari K T, Yamazaki F. Near-fault spatial variation in strong ground motion due to rupture

directivity and hanging wall effects from the Chi-Chi, Taiwan earthquake. Earthquake Engineering and Structural Dynamics, 2003, 32: 2197-2219.

[58] Campbell K W. Prediction of Strong Ground Motion in Utah // Hays W W, Gori P L. Evaluation of Regional and Urban Earthquake Hazards and Risks in Utah, 1988.

[59] Joyner W B, Boore D M. Measurement, characterization, and prediction of strong ground motion//Proceedings of the Earthquake Engineering and Soil Dynamics, Park City, Utah, 1988: 43-102.

[60] Campbell K W, Bozorgnia Y. Near-source attenuation of peak horizontal acceleration from worldwide accelerograms recorded from 1957 to 1993//Proceedings of the 5th US National Conference on Earthquake Engineering, Chicago, Illinois, 1994: 283-292.

[61] Somerville P G, Smith N F W, Graves R. Modification of empirical strong ground motion attenuation relations to include the amplitude and duration effects of rupture directivity. Seismological Research Letters, 1997, 68(1): 199-222.

[62] Faccioli E. Estimating ground motions for risk assessment//Proceedings of the US-Italian Workshop on Seismic Evaluation and Retrofit, 1997.

[63] Boatwright J, Boore D M. Analysis of the ground accelerations radiated by the 1980 Livermore Valley earthquakes for directivity and dynamic source characteristics. Bulletin of the Seismological Society of America, 1982, 72(6): 1843-1865.

[64] Rodriguez-Marek A. Near fault seismic site response. Berkeley: University of California, 2000.

[65] Xu L J, Xie L L. Characteristics of frequency content of near-fault ground motions during the Chi-Chi earthquake. Acta Seismologica Sinica, 2005, 18(6): 707-716.

[66] Barbosa A R, Ribeiro F L A, Neves L A C. Influence of earthquake ground-motion duration on damage estimation: application to steel moment resisting frames. Earthquake Engineering and Structural Dynamics, 2017, 46(1): 27-49.

[67] Yaghmaei-Sabegh S, Makaremi S. Development of duration-dependent damage-based inelastic response spectra. Earthquake Engineering and Structural Dynamics, 2017, 46(5): 771-789.

[68] Chaudhary B, Hazarika H, Nishimura K. Effects of duration and acceleration level of earthquake ground motion on the behavior of unreinforced and reinforced breakwater foundation. Soil Dynamics and Earthquake Engineering, 2017, 98: 24-37.

[69] Peng M H, Elghadamsi F E, Mohraz B. A simplified procedure for constructing probabilistic response spectra. Earthquake Spectra, 1989, 5(2): 393-408.

[70] Biot M A. Theory of vibration of buildings during earthquake. ZAMM-Journal of Applied Mathematics and Mechanics/Zeitschrift für Angewandte Mathematik und Mechanik, 1934, 14(4): 213-223.

[71] 高小旺, 龚思礼, 苏经宇, 等. 建筑抗震设计规范理解与应用. 北京: 中国建筑工业出版社, 2002.

[72] 刘恢先. 论地震力. 土木工程学报, 1958, 5(2): 86-106.

[73] 刘恢先. 工业与民用建筑地震荷载的计算. 建筑学报, 1961, 8: 20-26.

[74] 刘恢先. 关于设计规范中地震荷载计算方法的若干意见//刘恢先地震工程学论文选集. 北京: 地震出版社, 1992.

[75] 龚思礼, 王广军. 中国建筑抗震设计规范发展回顾//魏琏, 谢君斐. 中国工程抗震研究四十年. 北京: 地震出版社, 1989:121-126.

[76] 王广军, 陈达生. 场地分类和设计反应谱//魏琏, 谢君斐. 中国工程抗震研究四十年. 北京: 地震出版社, 1989: 127-131.

[77] 尹之潜, 王开顺. 抗震规范中地震作用计算方法的演变//魏琏, 谢君斐. 中国工程抗震研究四十年. 北京: 地震出版社, 1989:132-137.

[78] 谢君斐. 我国建筑抗震规范中地基基础部分的发展//中国地震工程研究进展. 北京: 地震出版社, 1992: 21-26.

[79] 谢君斐. 土壤地震液化综述//魏琏, 谢君斐. 中国工程抗震研究四十年. 北京: 地震出版社, 1989: 32-36.

[80] 胡聿贤. 中国地震动参数区划图(2001)简介//现代地震工程进展. 南京: 东南大学出版社, 2002: 1-7.

[81] 胡聿贤.《中国地震动参数区划图》宣贯教材. 北京: 中国标准出版社, 2001.

[82] 徐龙军, 谢礼立, 胡进军. 抗震设计谱的发展及相关问题综述. 世界地震工程, 2007, 23(2): 46-57.

[83] Hu Y. Earthquake engineering in China. Earthquake Engineering and Engineering Vibration, 2002, 1(1): 1-9.

[84] 陈国兴. 中国建筑抗震设计规范的演变与展望. 防灾减灾工程学报, 2003, 23(1): 102-113.

[85] 耿淑伟, 陶夏新, 王国新. 对抗震设计规范中地震作用规定的三点修改建议//全国地震工程学会会议论文集, 2002: 919-925.

[86] 郭明珠, 陈厚群. 场地类别划分与抗震设计反应谱的讨论. 世界地震工程, 2003, 19(2): 108-111.

[87] 赵斌, 王亚勇. 关于《建筑抗震设计规范》GB50011—2001 中设计反应谱的几点讨论. 工程抗震, 2003, 29(1): 13-14.

[88] 谢礼立, 马玉宏, 翟长海. 基于性态的抗震设防与设计地震动. 北京: 科学出版社, 2009.

[89] 王亚勇, 郭子雄, 吕西林. 建筑抗震设计中地震作用取值. 建筑科学, 1999, 15(5): 36-39.

[90] 李新乐, 朱晞. 抗震设计规范之近断层中小地震影响. 工程抗震, 2004, 4: 43-46.

[91] Mohraz B. Recent studies of earthquake ground motion and amplification//Proceedings of the 10th World Conference on Earthquake Engineering, Madrid, Spain, 1992: 6695-6704.

[92] IAEE. Regulations for seismic design: a world list-1996. International Association for Earthquake Engineering, 1996.

[93] 章在墉, 居荣初. 关于标准加速度反应谱问题//中国科学院土木建筑研究所地震工程报告集, 第一集. 北京: 科学出版社, 1965: 17-25.

[94] 陈达生. 关于地面运动最大加速度与加速度反应谱的若干资料//中国科学院工程力学研究所地震工程研究报告集, 第二集. 北京: 科学出版社, 1965: 60-67.

[95] 陈达生, 卢荣俭, 谢礼立. 抗震建筑的设计反应谱//中国科学院工程力学研究所地震工程研究报告集, 第三集. 北京: 科学出版社, 1977: 78-89.

[96] 周锡元, 王广军, 苏经宇. 场地分类和平均反应谱. 岩土工程学报, 1984, 5: 59-68.

[97] 郭玉学, 王治山. 随场地指数连续变化的标准反应谱. 地震工程与工程振动, 1991, 11(4): 39-50.

[98] 李山有, 金星, 刘启方, 等. 中国强震动观测展望. 地震工程与工程振动, 2003, 23(2): 1-7.

[99] 周雍年. 强震观测的发展趋势和任务. 世界地震工程, 2001, 17(4): 19-25.

致　　谢

本书主要总结与介绍了地震动谱理论与计算的相关基本知识及作者近年来在地震动反应谱领域所开展的研究工作。本书所列内容和研究结果均是在谢礼立院士指导下完成的，在此对恩师谢礼立院士多年以来的殷切指导表示最衷心的感谢。本书研究工作得到了国家自然科学基金（U2139207，52378517）、湖北省自然科学基金（2023AFB934，2023AFA030）、江汉大学高层次人才引进项目和学科特色专项（2022XKZX-ZC-01）的资助，在此深表感谢。

华中科技大学土木与水利工程学院博士研究生靳超越、哈尔滨工业大学土木工程学院博士研究生朱敬洲、中国地震局工程力学研究所的硕士研究生张恒、陈睿致和江汉大学研究生彭俊皓参与了本书的图表绘制和公式编辑等工作，在此一并表示感谢。